드릴 만점 계산력 수학

3 단계

릴 만점 계산력수학의 학습 효과

"와! 우리 아이가 계산의 천재가 되다니……"

엄마: 수제야, 평소에는 수학 문제를 잘 풀더니 시험 점수가 왜 이러니?

수제: 아잉! 나도 울고 싶다고요. 시간이 정해져 있으니까 초조해서 알던 문제도 못 풀겠던걸요!

우리는 종종 이런 대화를 듣곤 합니다. 이런 학생들은 문제를 푸는 계산 속도가 느리거나 아는 내용도 집중력 부족으로 풀이 과정에서 실수를 범하는 경우가 대부분입니다. 즉, 계산력에 문제가 있기 때문이지요. 그러면 계산력을 향상시키고, 집중력을 강화시키기 위해서는 어떤 방법이 필요할까요? 무엇보다도 문제와 친해져야 합니다. 그러기 위해서는 같은 유형의 문제를 반복해서 풀어 보는 방법이 제일이지요.

이런 학습을 가능하게 해 주는 것이 바로 '**드릴 만점 계산력수학**' 입니다.

'**드릴 만점 계산력수학**' 은 **같은 유형의 문제**를, **짧은 시간 내**에, **집중적**으로 풀게 함으로써 기초 실력을 탄탄하게 하고 숙련도를 높여 수학에 대한 자신감을 길러 줍니다.

이렇게 형성된 **기초 실력**과 **자신감**은 훗날 **대학 입학 시험**에서 높은 점수를 얻을 수 있는 반석(盤石)이 될 것입니다.

자, 그렇다면 '**드릴 만점 계산력수학**' 으로 학습하면 어떤 좋은 점이 있을까요?

1. **수준에 맞는 단계별 학습 프로그램으로 이해력이 빨라지도록 합니다.**
   각 학년에서 배우게 될 내용보다 조금 쉬운 과정에서 출발하여 그 학년에서 반드시 익혀야 할 내용까지 학습 목표를 명확하게 제시하여 학습의 이해도를 높였습니다.

2. **집중력을 키우고, 스스로 학습하는 습관을 길러 줍니다.**
   '표준 완성 시간' 을 정해 놓고, 그 시간 안에 주어진 문제를 스스로 풀도록 함으로써 스스로 학습하는 습관을 길러 줍니다.

3. **학습에 대한 성취감과 자신감을 길러 줍니다.**
   매회를 '표준 완성 시간' 내에 풀게 함으로써 집중력을 키우고, 반복 학습을 통한 계산력 향상으로 문제에 대한 자신감과 성취감이 최고에 이르도록 하였습니다.

이와 같은 학습 효과를 얻을 수 있는 '**드릴 만점 계산력수학**' 으로 꾸준히 공부한다면 반드시 '**계산의 천재**' 가 될 것입니다.

드릴 만점 계산력 수학의 학습 및 지도 방법

1 우선, 진단 평가를 실시한다!

똑같은 문제를 풀더라도 그 결과가 모든 사람에게 좋을 수는 없습니다.

따라서, 학습자가 어떤 학습 목표에 취약점이 있는지 미리 파악해서 각자의 수준에 맞는 단계의 교재를 선택하게 하여 자신감을 갖고 스스로 문제를 풀 수 있도록 해 주는 것이 무엇보다 중요합니다.

'드릴 만점 계산력 수학'은 아이들에게 성취감과 자신감을 주기 위해 조금 낮은 단계의 교재부터 시작해도 절대로 본 학습 진도에 뒤쳐지지 않도록 엮었습니다.

2 집중력을 가지고, 매회를 10분 내에 학습한다!

오랜 시간 동안 문제를 푼다고 해서 계산력이 향상되지는 않습니다. 따라서, '표준 완성 시간'을 정하여 정해진 짧은 시간 안에 문제를 풀 수 있도록 훈련합니다. 그러나 처음부터 '표준 완성 시간' 안에 풀어야 한다는 부담을 갖게 되면 흥미를 잃게 되므로 점차적으로 학습 습관이 형성되도록 하여 '표준 완성 시간' 안에 문제를 풀 수 있도록 지도합니다.

3 만점이 될 때까지 반복 학습을 한다!

문제를 풀다 보면 오답이 나올 수도 있습니다. 오답이 나온 경우, 틀린 문항을 반복하여 스스로 풀게 함으로써 반드시 만점을 맞도록 지도합니다.

이 같은 지도는 학생들의 문제 해결력에 대한 자신감을 길러 주어 학습 의욕을 불러 일으킵니다.

4 문제 푸는 과정을 중요시한다!

문제에 대한 답이 맞고 틀린 것만을 체크하지 말고, 문제 푸는 과정을 정확하게 서술했는지 확인합니다. 이 같은 지도는 서술형 문제를 해결하기 위한 기초 준비 학습입니다.

5 총괄 평가를 실시한다!

각 단계 학습이 끝난 후에 배운 내용을 종합적으로 총정리하고, 스스로 평가하는 과정입니다. 미흡한 부분은 다시 한 번 점검하여 100% 풀 수 있도록 숙달한 후에 다음 단계로 넘어가야 상위 단계의 학습 진행에 무리가 없습니다.

6 칭찬과 격려를 아끼지 않는다!

'칭찬은 고래도 춤추게 한다'라는 말이 있습니다. 학습 지도에 있어서 가장 중요한 일이 부모님의 칭찬과 격려입니다. '부모 확인란'을 활용하여 부모님이 지속적인 관심을 갖고 꾸준히 지도하신다면 자녀들의 계산력이 눈에 띄게 향상될 것입니다.

차 례

3단계

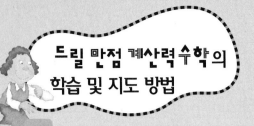

곱셈구구 복습

0~9의 단 곱셈구구 (1)

월 일 이름

표준 완성 시간 3~4분

평가				
오답수	아주 잘함 : 0~1	잘함 : 2	보통 : 3~4	노력 바람 : 5~

부모 확인란

1. 다음 보기 와 같이 계산하시오.

보기

×	3	4	8
2	① 6	② 8	③ 16
3	④ 9	⑤ 12	⑥ 24
7	⑦ 21	⑧ 28	⑨ 56

① 3×2=6 ② 4×2=8
③ 8×2=16 ④ 3×3=9
⑤ 4×3=12 ⑥ 8×3=24
⑦ 3×7=21 ⑧ 4×7=28
⑨ 8×7=56

(1)

×	8	5	6
1	8		
3			
4			

(2)

×	1	2	5	7
3				
0				
6			30	

(3)

×	3	0	9
6			
4			
8			72
2			

(4)

×	7	3	2	5
7				
3			6	
1				
9				

2. 두 수의 곱셈을 하여 빈 칸에 알맞은 수를 써 넣으시오.

×	5	9	7	0	3	8	2	6	1	4
3	15									
4		36								
0				0						
1										
5										
9										
8										
7										
6										
2										

틀린 계산은 아래에 써서 다시 해 보시오.

___ × ___ = ___ ___ × ___ = ___

___ × ___ = ___ ___ × ___ = ___

___ × ___ = ___ ___ × ___ = ___

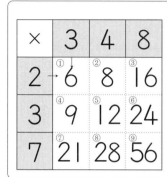

곱셈구구 복습

0~9의 단 곱셈구구 (2)

월 일 이름

표준 완성 시간 4~5분

평가				
오답수	아주 잘함 : 0~1	잘함 : 2~3	보통 : 4~5	노력 바람 : 6~

부모 확인란

1. 두 수의 곱셈을 하여 빈 칸에 알맞은 수를 써 넣으시오.

×	1	6	0	3	2	7	5	9	8	4
4										
6		36								
1										
3										
0										
2										
5										
7										
9										
8										

틀린 계산은 아래에 써서 다시 해 보시오.

___ × ___ = ___　　___ × ___ = ___

___ × ___ = ___　　___ × ___ = ___

___ × ___ = ___　　___ × ___ = ___

2. 두 수의 곱셈을 하여 빈 칸에 알맞은 수를 써 넣으시오.

×	0	5	8	2	4	7	9	6	1	3
2										
3										
7		35								
4										
8										
6										
1										
9										
0										
5										

틀린 계산은 아래에 써서 다시 해 보시오.

___ × ___ = ___　　___ × ___ = ___

___ × ___ = ___　　___ × ___ = ___

___ × ___ = ___　　___ × ___ = ___

곱셈구구 복습

0~9의 단 곱셈구구 (3)

월 일 이름

표준 완성 시간 4~5분

평가				
오답수	아주 잘함 : 0~1	잘함 : 2~3	보통 : 4~5	노력 바람 : 6~

부모 확인란

1. 두 수의 곱셈을 하여 빈 칸에 알맞은 수를 써 넣으시오.

×	8	4	2	5	9	1	7	0	6	3
8										
4		16								
2										
5										
9										
1										
7										
0										
6										
3										

틀린 계산은 아래에 써서 다시 해 보시오.

____ × ____ = ____　　____ × ____ = ____

____ × ____ = ____　　____ × ____ = ____

____ × ____ = ____　　____ × ____ = ____

2. 두 수의 곱셈을 하여 빈 칸에 알맞은 수를 써 넣으시오.

×	7	3	4	6	1	0	8	5	2	9
7										
3										
4				24						
6										
1										
0										
8										
5										
2										
9										

틀린 계산은 아래에 써서 다시 해 보시오.

____ × ____ = ____　　____ × ____ = ____

____ × ____ = ____　　____ × ____ = ____

____ × ____ = ____　　____ × ____ = ____

4회 곱셈구구 복습

0~9의 단 곱셈구구 (4)   ( )월 ( )일 이름

표준 완성 시간 4~5분

평가				
오답수	아주 잘함 : 0~1	잘함 : 2~3	보통 : 4~5	노력 바람 : 6~

부모 확인란

1. 두 수의 곱셈을 하여 빈 칸에 알맞은 수를 써 넣으시오.

×	6	0	4	2	7	5	9	8	3	1
6										
0										
4										
2										
7			28							
5										
9										
8										
3										
1										

틀린 계산은 아래에 써서 다시 해 보시오.

___ × ___ = ___   ___ × ___ = ___

___ × ___ = ___   ___ × ___ = ___

___ × ___ = ___   ___ × ___ = ___

2. 두 수의 곱셈을 하여 빈 칸에 알맞은 수를 써 넣으시오.

×	0	9	5	8	2	1	3	6	7	4
0										
9										
5			25							
8										
2										
1										
3										
6										
7										
4										

틀린 계산은 아래에 써서 다시 해 보시오.

___ × ___ = ___   ___ × ___ = ___

___ × ___ = ___   ___ × ___ = ___

___ × ___ = ___   ___ × ___ = ___

5회 곱셈구구 복습

0~9의 단 곱셈구구 (5)

월 일 이름

표준 완성 시간 4~5분

평가				
오답수	아주 잘함 : 0~1	잘함 : 2~3	보통 : 4~5	노력 바람 : 6~

부모 확인란

1. 두 수의 곱셈을 하여 빈 칸에 알맞은 수를 써 넣으시오.

×	5	7	6	4	8	3	9	0	1	2
5	25									
7										
6										
4										
8										
3										
9										
0										
1										
2										

틀린 계산은 아래에 써서 다시 해 보시오.

___ × ___ = ___ ___ × ___ = ___

___ × ___ = ___ ___ × ___ = ___

___ × ___ = ___ ___ × ___ = ___

2. 두 수의 곱셈을 하여 빈 칸에 알맞은 수를 써 넣으시오.

×	3	9	0	5	2	6	7	1	8	4
3										
9										
0										
5						30				
2										
6										
7										
1										
8										
4										

틀린 계산은 아래에 써서 다시 해 보시오.

___ × ___ = ___ ___ × ___ = ___

___ × ___ = ___ ___ × ___ = ___

___ × ___ = ___ ___ × ___ = ___

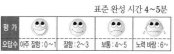

곱셈구구 복습

0~9의 단 곱셈구구 (6)　　월　　일　이름

표준 완성 시간 4~5분

평가				
오답수	아주 잘함 : 0~1	잘함 : 2~3	보통 : 4~5	노력 바람 : 6~

부모 확인란

1. 두 수의 곱셈을 하여 빈 칸에 알맞은 수를 써 넣으시오.

×	4	5	1	6	8	3	2	0	7	9
4										
5				30						
1										
6										
8										
3										
2										
0										
7										
9										

틀린 계산은 아래에 써서 다시 해 보시오.

___ × ___ = ___　　___ × ___ = ___

___ × ___ = ___　　___ × ___ = ___

___ × ___ = ___　　___ × ___ = ___

2. 두 수의 곱셈을 하여 빈 칸에 알맞은 수를 써 넣으시오.

×	3	6	7	2	0	9	1	8	5	4
3										
6										
7								56		
2										
0										
9										
1										
8										
5										
4										

틀린 계산은 아래에 써서 다시 해 보시오.

___ × ___ = ___　　___ × ___ = ___

___ × ___ = ___　　___ × ___ = ___

___ × ___ = ___　　___ × ___ = ___

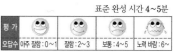

곱셈구구 복습

0~9의 단 곱셈구구 (7)　　월　　일　이름

표준 완성 시간 4~5분

평 가				
오답수	아주 잘함 : 0~1	잘함 : 2~3	보통 : 4~5	노력 바람 : 6~

부모 확인란

1. 두 수의 곱셈을 하여 빈 칸에 알맞은 수를 써 넣으시오.

×	6	4	2	9	7	5	0	3	1	8
6										
4										
2										
9										
7										
5										
0										
3										
1								3		
8										

틀린 계산은 아래에 써서 다시 해 보시오.

___ × ___ = ___　　___ × ___ = ___

___ × ___ = ___　　___ × ___ = ___

___ × ___ = ___　　___ × ___ = ___

2. 두 수의 곱셈을 하여 빈 칸에 알맞은 수를 써 넣으시오.

×	5	1	8	4	3	6	9	7	0	2
5										
1										
8										
4										
3					9					
6										
9										
7										
0										
2										

틀린 계산은 아래에 써서 다시 해 보시오.

___ × ___ = ___　　___ × ___ = ___

___ × ___ = ___　　___ × ___ = ___

___ × ___ = ___　　___ × ___ = ___

8회

곱셈구구 복습

0~9의 단 곱셈구구 (8)

월 일 이름

표준 완성 시간 4~5분

평가				
오답수	아주 잘함 : 0~1	잘함 : 2~3	보통 : 4~5	노력 바람 : 6~

부모 확인란

1. 두 수의 곱셈을 하여 빈 칸에 알맞은 수를 써 넣으시오.

×	7	3	5	8	1	2	9	4	6	0
7										
3										
5										
8										
1										
2					2					
9										
4										
6										
0										

틀린 계산은 아래에 써서 다시 해 보시오.

___ × ___ = ___   ___ × ___ = ___

___ × ___ = ___   ___ × ___ = ___

___ × ___ = ___   ___ × ___ = ___

2. 두 수의 곱셈을 하여 빈 칸에 알맞은 수를 써 넣으시오.

×	1	0	8	4	9	6	7	5	2	3
1										
0										
8										
4			32							
9										
6										
7										
5										
2										
3										

틀린 계산은 아래에 써서 다시 해 보시오.

___ × ___ = ___   ___ × ___ = ___

___ × ___ = ___   ___ × ___ = ___

___ × ___ = ___   ___ × ___ = ___

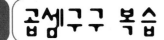

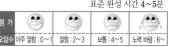

곱셈구구 복습

0~9의 단 곱셈구구 (9)　　월　　일　이름

표준 완성 시간 4~5분

평가				
오답수	아주 잘함 : 0~1	잘함 : 2~3	보통 : 4~5	노력 바람 : 6~

부모 확인란

1. 두 수의 곱셈을 하여 빈 칸에 알맞은 수를 써 넣으시오.

×	2	9	6	0	3	4	5	1	8	7
2										
9										
6			36							
0										
3										
4										
5										
1										
8										
7										

틀린 계산은 아래에 써서 다시 해 보시오.

___ × ___ = ___　　___ × ___ = ___

___ × ___ = ___　　___ × ___ = ___

___ × ___ = ___　　___ × ___ = ___

2. 두 수의 곱셈을 하여 빈 칸에 알맞은 수를 써 넣으시오.

×	0	8	7	9	2	5	4	6	3	1
0										
8										
7										
9										
2								12		
5										
4										
6										
3										
1										

틀린 계산은 아래에 써서 다시 해 보시오.

___ × ___ = ___　　___ × ___ = ___

___ × ___ = ___　　___ × ___ = ___

___ × ___ = ___　　___ × ___ = ___

1. 두 수의 곱셈을 하여 빈 칸에 알맞은 수를 써 넣으시오.

×	4	0	9	3	1	2	5	8	6	7
4										
0										
9										
3										
1										
2				6						
5										
8										
6										
7										

틀린 계산은 아래에 써서 다시 해 보시오.

____ × ____ = ____ ____ × ____ = ____

____ × ____ = ____ ____ × ____ = ____

____ × ____ = ____ ____ × ____ = ____

2. 두 수의 곱셈을 하여 빈 칸에 알맞은 수를 써 넣으시오.

×	1	3	7	9	6	2	0	4	5	8
1										
3					18					
7										
9										
6										
2										
0										
4										
5										
8										

틀린 계산은 아래에 써서 다시 해 보시오.

____ × ____ = ____ ____ × ____ = ____

____ × ____ = ____ ____ × ____ = ____

____ × ____ = ____ ____ × ____ = ____

곱하는 수 구하기 나눗셈의 기초 (1)

월 일 이름

표준 완성 시간 4~5분

평가				
오답수	아주 잘함 : 0~2	잘함 : 3~5	보통 : 6~8	노력 바람 : 9~

부모 확인란

1. 빈 곳에 알맞은 수를 써 넣으시오.

(1) 2× 9 =18　(2) 5× ___ =25

(3) 3× ___ =9　(4) 3× ___ =24

(5) 5× ___ =5　(6) 7× ___ =28

(7) 8× ___ =40　(8) 4× ___ =0

(9) 2× ___ =10　(10) 4× ___ =28

(11) 8× ___ =0　(12) 6× ___ =54

(13) 7× ___ =7　(14) 8× ___ =56

(15) 4× ___ =36　(16) 6× ___ =42

(17) 9× ___ =72　(18) 8× ___ =16

(19) 3× ___ =15　(20) 9× ___ =81

(21) 3× ___ =27　(22) 7× ___ =21

(23) 2× ___ =8　(24) 7× ___ =42

2. 빈 곳에 알맞은 수를 써 넣으시오.

(1) 8× ___ =40　(2) 4× ___ =8

(3) 6× ___ =36　(4) 5× ___ =10

(5) 7× ___ =56　(6) 8× ___ =64

(7) 2× ___ =18　(8) 3× ___ =24

(9) 5× ___ =35　(10) 2× ___ =8

(11) 8× ___ =0　(12) 3× ___ =12

(13) 4× ___ =36　(14) 9× ___ =45

(15) 5× ___ =45　(16) 9× ___ =27

(17) 5× ___ =0　(18) 4× ___ =4

(19) 2× ___ =12　(20) 6× ___ =48

(21) 6× ___ =0　(22) 5× ___ =30

(23) 3× ___ =18　(24) 1× ___ =3

곱하는 수 구하기 나눗셈의 기초 (2)

월 일 이름

표준 완성 시간 4~5분

평가				
오답수	아주 잘함 : 0~2	잘함 : 3~5	보통 : 6~8	노력 바람 : 9~

부모 확인란

1. 빈 곳에 알맞은 수를 써 넣으시오.

(1) $1\times$ 3 $=3$

(2) $5\times$ ___ $=20$

(3) $8\times$ ___ $=8$

(4) $4\times$ ___ $=8$

(5) $4\times$ ___ $=36$

(6) $4\times$ ___ $=16$

(7) $7\times$ ___ $=0$

(8) $3\times$ ___ $=6$

(9) $5\times$ ___ $=45$

(10) $3\times$ ___ $=21$

(11) $2\times$ ___ $=10$

(12) $7\times$ ___ $=63$

(13) $7\times$ ___ $=42$

(14) $9\times$ ___ $=36$

(15) $4\times$ ___ $=32$

(16) $8\times$ ___ $=56$

(17) $2\times$ ___ $=4$

(18) $9\times$ ___ $=72$

(19) $5\times$ ___ $=5$

(20) $1\times$ ___ $=1$

(21) $8\times$ ___ $=72$

(22) $6\times$ ___ $=18$

(23) $3\times$ ___ $=24$

(24) $6\times$ ___ $=30$

2. 빈 곳에 알맞은 수를 써 넣으시오.

(1) $2\times$ ___ $=16$

(2) $6\times$ ___ $=18$

(3) $8\times$ ___ $=32$

(4) $1\times$ ___ $=5$

(5) $3\times$ ___ $=9$

(6) $9\times$ ___ $=54$

(7) $2\times$ ___ $=0$

(8) $4\times$ ___ $=28$

(9) $9\times$ ___ $=81$

(10) $5\times$ ___ $=20$

(11) $6\times$ ___ $=54$

(12) $9\times$ ___ $=45$

(13) $4\times$ ___ $=20$

(14) $5\times$ ___ $=40$

(15) $1\times$ ___ $=4$

(16) $6\times$ ___ $=42$

(17) $7\times$ ___ $=49$

(18) $7\times$ ___ $=7$

(19) $3\times$ ___ $=0$

(20) $1\times$ ___ $=9$

(21) $7\times$ ___ $=28$

(22) $6\times$ ___ $=12$

(23) $9\times$ ___ $=0$

(24) $6\times$ ___ $=24$

곱하는 수 구하기 나눗셈의 기초 (3)

월 일 이름

표준 완성 시간 4~5분

평가				
오답수	아주 잘함 : 0~2	잘함 : 3~5	보통 : 6~8	노력 바람 : 9~

부모 확인란

1. 빈 곳에 알맞은 수를 써 넣으시오.

(1) 5× 5 =25　(2) 5× ___ =15

(3) 7× ___ =7　(4) 6× ___ =30

(5) 3× ___ =9　(6) 8× ___ =56

(7) 3× ___ =27　(8) 4× ___ =12

(9) 6× ___ =48　(10) 4× ___ =8

(11) 7× ___ =14　(12) 1× ___ =8

(13) 2× ___ =14　(14) 2× ___ =10

(15) 9× ___ =81　(16) 3× ___ =12

(17) 1× ___ =5　(18) 3× ___ =24

(19) 7× ___ =42　(20) 2× ___ =12

(21) 8× ___ =40　(22) 8× ___ =64

(23) 6× ___ =6　(24) 9× ___ =54

2. 빈 곳에 알맞은 수를 써 넣으시오.

(1) 2× ___ =6　(2) 8× ___ =48

(3) 4× ___ =36　(4) 5× ___ =0

(5) 6× ___ =48　(6) 7× ___ =56

(7) 3× ___ =15　(8) 4× ___ =4

(9) 1× ___ =0　(10) 9× ___ =9

(11) 7× ___ =21　(12) 5× ___ =30

(13) 2× ___ =8　(14) 3× ___ =18

(15) 5× ___ =45　(16) 8× ___ =0

(17) 6× ___ =0　(18) 6× ___ =36

(19) 7× ___ =35　(20) 9× ___ =27

(21) 6× ___ =42　(22) 9× ___ =18

(23) 7× ___ =49　(24) 1× ___ =2

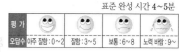

곱하는 수 구하기 나눗셈의 기초 (4)

월 일 이름

표준 완성 시간 4~5분

평가	😊	🙂	😐	😟
오답수	아주 잘함 : 0~2	잘함 : 3~5	보통 : 6~8	노력 바람 : 9~

부모 확인란

1. 빈 곳에 알맞은 수를 써 넣으시오.

(1) 6× 5 =30
(2) 3× ___ =24
(3) 3× ___ =21
(4) 5× ___ =5
(5) 8× ___ =72
(6) 1× ___ =3
(7) 6× ___ =42
(8) 3× ___ =3
(9) 8× ___ =56
(10) 8× ___ =32
(11) 9× ___ =36
(12) 7× ___ =28
(13) 5× ___ =45
(14) 2× ___ =10
(15) 3× ___ =0
(16) 2× ___ =4
(17) 4× ___ =20
(18) 4× ___ =16
(19) 9× ___ =63
(20) 7× ___ =14
(21) 2× ___ =6
(22) 3× ___ =15
(23) 7× ___ =7
(24) 5× ___ =25

2. 빈 곳에 알맞은 수를 써 넣으시오.

(1) 1× ___ =4
(2) 3× ___ =6
(3) 9× ___ =72
(4) 9× ___ =81
(5) 2× ___ =4
(6) 1× ___ =9
(7) 6× ___ =24
(8) 6× ___ =42
(9) 4× ___ =20
(10) 9× ___ =36
(11) 7× ___ =14
(12) 8× ___ =16
(13) 9× ___ =54
(14) 9× ___ =18
(15) 8× ___ =8
(16) 4× ___ =28
(17) 8× ___ =40
(18) 4× ___ =24
(19) 5× ___ =20
(20) 6× ___ =54
(21) 2× ___ =16
(22) 8× ___ =16
(23) 1× ___ =7
(24) 7× ___ =49

곱하는 수 구하기 나눗셈의 기초 (5)

월 일 이름

표준 완성 시간 4~5분

평가				
오답수	아주 잘함 : 0~2	잘함 : 3~5	보통 : 6~8	노력 바람 : 9~

부모 확인란

1. 빈 곳에 알맞은 수를 써 넣으시오.

(1) $6\times$ 8 $=48$

(2) $7\times$ ___ $=49$

(3) $3\times$ ___ $=18$

(4) $3\times$ ___ $=12$

(5) $6\times$ ___ $=0$

(6) $4\times$ ___ $=12$

(7) $7\times$ ___ $=42$

(8) $1\times$ ___ $=0$

(9) $5\times$ ___ $=30$

(10) $9\times$ ___ $=27$

(11) $1\times$ ___ $=4$

(12) $6\times$ ___ $=36$

(13) $3\times$ ___ $=6$

(14) $7\times$ ___ $=35$

(15) $4\times$ ___ $=4$

(16) $6\times$ ___ $=54$

(17) $5\times$ ___ $=15$

(18) $8\times$ ___ $=48$

(19) $6\times$ ___ $=18$

(20) $9\times$ ___ $=81$

(21) $2\times$ ___ $=6$

(22) $7\times$ ___ $=7$

(23) $5\times$ ___ $=25$

(24) $9\times$ ___ $=36$

2. 빈 곳에 알맞은 수를 써 넣으시오.

(1) $8\times$ ___ $=56$

(2) $2\times$ ___ $=14$

(3) $6\times$ ___ $=42$

(4) $5\times$ ___ $=0$

(5) $4\times$ ___ $=8$

(6) $7\times$ ___ $=14$

(7) $8\times$ ___ $=24$

(8) $4\times$ ___ $=36$

(9) $2\times$ ___ $=18$

(10) $9\times$ ___ $=9$

(11) $5\times$ ___ $=25$

(12) $3\times$ ___ $=9$

(13) $1\times$ ___ $=8$

(14) $7\times$ ___ $=56$

(15) $7\times$ ___ $=21$

(16) $2\times$ ___ $=10$

(17) $5\times$ ___ $=35$

(18) $3\times$ ___ $=27$

(19) $6\times$ ___ $=18$

(20) $8\times$ ___ $=32$

(21) $3\times$ ___ $=15$

(22) $6\times$ ___ $=30$

(23) $1\times$ ___ $=5$

(24) $9\times$ ___ $=45$

드릴 만점 계산력 수학 **16회**

곱하는 수 구하기 나눗셈의 기초 (6)

월 일 이름

표준 완성 시간 4~5분

평가				
오답수	아주 잘함 : 0~2	잘함 : 3~5	보통 : 6~8	노력 바람 : 9~

부모 확인란

1. 빈 곳에 알맞은 수를 써 넣으시오.

(1) $7 \times \underline{\quad 6 \quad} = 42$　　(2) $3 \times \underline{\qquad} = 6$

(3) $8 \times \underline{\qquad} = 56$　　(4) $4 \times \underline{\qquad} = 16$

(5) $2 \times \underline{\qquad} = 4$　　(6) $7 \times \underline{\qquad} = 28$

(7) $5 \times \underline{\qquad} = 45$　　(8) $8 \times \underline{\qquad} = 72$

(9) $8 \times \underline{\qquad} = 8$　　(10) $5 \times \underline{\qquad} = 10$

(11) $4 \times \underline{\qquad} = 32$　　(12) $2 \times \underline{\qquad} = 16$

(13) $6 \times \underline{\qquad} = 24$　　(14) $4 \times \underline{\qquad} = 24$

(15) $2 \times \underline{\qquad} = 12$　　(16) $6 \times \underline{\qquad} = 54$

(17) $7 \times \underline{\qquad} = 7$　　(18) $3 \times \underline{\qquad} = 18$

(19) $9 \times \underline{\qquad} = 81$　　(20) $9 \times \underline{\qquad} = 63$

(21) $3 \times \underline{\qquad} = 24$　　(22) $7 \times \underline{\qquad} = 0$

(23) $5 \times \underline{\qquad} = 10$　　(24) $1 \times \underline{\qquad} = 1$

2. 빈 곳에 알맞은 수를 써 넣으시오.

(1) $2 \times \underline{\qquad} = 8$　　(2) $9 \times \underline{\qquad} = 54$

(3) $6 \times \underline{\qquad} = 36$　　(4) $3 \times \underline{\qquad} = 24$

(5) $9 \times \underline{\qquad} = 63$　　(6) $6 \times \underline{\qquad} = 18$

(7) $4 \times \underline{\qquad} = 20$　　(8) $9 \times \underline{\qquad} = 0$

(9) $2 \times \underline{\qquad} = 10$　　(10) $2 \times \underline{\qquad} = 14$

(11) $8 \times \underline{\qquad} = 32$　　(12) $4 \times \underline{\qquad} = 28$

(13) $6 \times \underline{\qquad} = 30$　　(14) $3 \times \underline{\qquad} = 18$

(15) $9 \times \underline{\qquad} = 72$　　(16) $1 \times \underline{\qquad} = 7$

(17) $3 \times \underline{\qquad} = 21$　　(18) $6 \times \underline{\qquad} = 42$

(19) $5 \times \underline{\qquad} = 45$　　(20) $8 \times \underline{\qquad} = 16$

(21) $6 \times \underline{\qquad} = 12$　　(22) $5 \times \underline{\qquad} = 20$

(23) $7 \times \underline{\qquad} = 49$　　(24) $5 \times \underline{\qquad} = 40$

곱하는 수 구하기 나눗셈의 기초 (7)

월 일 이름

표준 완성 시간 4~5분

평가				
오답수	아주 잘함 : 0~2	잘함 : 3~5	보통 : 6~8	노력 바람 : 9~

부모 확인란

1. 빈 곳에 알맞은 수를 써 넣으시오.

(1) 9× 5 =45
(2) 3× ___ =9
(3) 7× ___ =7
(4) 8× ___ =24
(5) 7× ___ =21
(6) 3× ___ =6
(7) 8× ___ =56
(8) 6× ___ =12
(9) 6× ___ =48
(10) 7× ___ =42
(11) 7× ___ =56
(12) 8× ___ =32
(13) 2× ___ =18
(14) 9× ___ =9
(15) 5× ___ =25
(16) 3× ___ =15
(17) 4× ___ =36
(18) 9× ___ =27
(19) 6× ___ =6
(20) 1× ___ =8
(21) 9× ___ −81
(22) 2× ___ =8
(23) 1× ___ =0
(24) 5× ___ =35

2. 빈 곳에 알맞은 수를 써 넣으시오.

(1) 3× ___ =24
(2) 8× ___ =48
(3) 7× ___ =14
(4) 6× ___ =42
(5) 4× ___ =4
(6) 2× ___ =12
(7) 9× ___ =27
(8) 4× ___ =12
(9) 2× ___ =14
(10) 7× ___ =28
(11) 5× ___ =30
(12) 3× ___ =18
(13) 5× ___ =0
(14) 9× ___ =27
(15) 8× ___ =40
(16) 8× ___ =72
(17) 3× ___ =12
(18) 1× ___ =6
(19) 7× ___ =35
(20) 7× ___ =49
(21) 9× ___ =63
(22) 8× ___ =64
(23) 1× ___ =2
(24) 5× ___ =15

드릴 만점 계산력 수학

18회 기본 나눗셈 1

몫 : 한 자리 수, 나머지 없음 (1)

월 일 이름

표준 완성 시간 4~5분

평가				
오답수	아주 잘함 : 0~3	잘함 : 4~6	보통 : 7~9	노력 바람 : 10~

부모 확인란

1. 나눗셈의 몫을 구하시오.

(1) $10 \div 5 =$ 2

(2) $21 \div 7 =$ ____

(3) $45 \div 9 =$ ____

(4) $35 \div 5 =$ ____

(5) $24 \div 8 =$ ____

(6) $16 \div 2 =$ ____

(7) $18 \div 6 =$ ____

(8) $48 \div 8 =$ ____

(9) $16 \div 8 =$ ____

(10) $40 \div 5 =$ ____

(11) $8 \div 8 =$ ____

(12) $36 \div 4 =$ ____

(13) $45 \div 5 =$ ____

(14) $16 \div 4 =$ ____

(15) $12 \div 4 =$ ____

(16) $12 \div 3 =$ ____

(17) $56 \div 8 =$ ____

(18) $8 \div 2 =$ ____

(19) $42 \div 6 =$ ____

(20) $18 \div 9 =$ ____

(21) $15 \div 5 =$ ____

(22) $28 \div 4 =$ ____

(23) $9 \div 3 =$ ____

(24) $14 \div 2 =$ ____

2. 나눗셈의 몫을 구하시오.

(1) $10 \div 2 =$ ____

(2) $54 \div 9 =$ ____

(3) $24 \div 6 =$ ____

(4) $30 \div 6 =$ ____

(5) $12 \div 6 =$ ____

(6) $32 \div 8 =$ ____

(7) $56 \div 7 =$ ____

(8) $35 \div 5 =$ ____

(9) $48 \div 8 =$ ____

(10) $12 \div 2 =$ ____

(11) $25 \div 5 =$ ____

(12) $30 \div 5 =$ ____

(13) $21 \div 7 =$ ____

(14) $4 \div 4 =$ ____

(15) $24 \div 3 =$ ____

(16) $48 \div 6 =$ ____

(17) $27 \div 3 =$ ____

(18) $8 \div 2 =$ ____

(19) $12 \div 4 =$ ____

(20) $64 \div 8 =$ ____

(21) $15 \div 5 =$ ____

(22) $18 \div 3 =$ ____

(23) $35 \div 7 =$ ____

(24) $6 \div 6 =$ ____

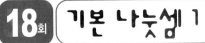

기본 나눗셈 1

몫 : 한 자리 수, 나머지 없음 (2)

월 일 이름

표준 완성 시간 4~5분

평가				
오답수	아주 잘함 : 0~3	잘함 : 4~6	보통 : 7~9	노력 바람 : 10~

부모 확인란

1. 나눗셈의 몫을 구하시오.

(1) $7\div7=$ ____ (2) $10\div5=$ ____

(3) $9\div3=$ ____ (4) $54\div6=$ ____

(5) $6\div6=$ ____ (6) $45\div5=$ ____

(7) $72\div8=$ ____ (8) $18\div6=$ ____

(9) $40\div5=$ ____ (10) $8\div4=$ ____

(11) $30\div6=$ ____ (12) $8\div2=$ ____

(13) $14\div2=$ ____ (14) $28\div4=$ ____

(15) $27\div3=$ ____ (16) $36\div9=$ ____

(17) $63\div7=$ ____ (18) $42\div6=$ ____

(19) $49\div7=$ ____ (20) $4\div2=$ ____

(21) $18\div2=$ ____ (22) $20\div5=$ ____

(23) $25\div5=$ ____ (24) $81\div9=$ ____

2. 나눗셈의 몫을 구하시오.

(1) $3\div3=$ ____ (2) $28\div4=$ ____

(3) $54\div9=$ ____ (4) $32\div8=$ ____

(5) $24\div4=$ ____ (6) $6\div3=$ ____

(7) $18\div6=$ ____ (8) $21\div7=$ ____

(9) $10\div5=$ ____ (10) $5\div5=$ ____

(11) $40\div8=$ ____ (12) $24\div3=$ ____

(13) $20\div4=$ ____ (14) $6\div2=$ ____

(15) $16\div8=$ ____ (16) $40\div5=$ ____

(17) $18\div3=$ ____ (18) $10\div2=$ ____

(19) $27\div9=$ ____ (20) $8\div4=$ ____

(21) $15\div3=$ ____ (22) $12\div3=$ ____

(23) $63\div9=$ ____ (24) $35\div7=$ ____

기본 나눗셈 1

몫 : 한 자리 수, 나머지 없음 (3)

월 일 이름

표준 완성 시간 4~5분

평가				
오답수	아주 잘함 : 0~3	잘함 : 4~6	보통 : 7~9	노력 바람 : 10~

부모 확인란

1. 나눗셈의 몫을 구하시오.

(1) 14÷2= 7 (2) 25÷5=

(3) 56÷8= (4) 21÷3=

(5) 4÷2= (6) 30÷5=

(7) 15÷3= (8) 42÷7=

(9) 9÷3= (10) 16÷4=

(11) 36÷9= (12) 18÷9=

(13) 27÷3= (14) 24÷6=

(15) 45÷5= (16) 16÷2=

(17) 14÷7= (18) 30÷6=

(19) 48÷8= (20) 40÷8=

(21) 35÷7= (22) 21÷7=

(23) 72÷9= (24) 10÷5=

2. 나눗셈의 몫을 구하시오.

(1) 24÷6= (2) 12÷4=

(3) 25÷5= (4) 18÷3=

(5) 48÷6= (6) 12÷2=

(7) 28÷7= (8) 35÷5=

(9) 8÷4= (10) 15÷5=

(11) 49÷7= (12) 6÷3=

(13) 45÷5= (14) 56÷8=

(15) 20÷5= (16) 27÷9=

(17) 32÷8= (18) 12÷6=

(19) 42÷6= (20) 16÷8=

(21) 64÷8= (22) 7÷7=

(23) 8÷2= (24) 81÷9=

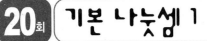

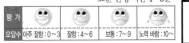

21회 기본 나눗셈 1
몫 : 한 자리 수, 나머지 없음 (4)

◯월 ◯일 이름

표준 완성 시간 4~5분

평가	😄	😄	😞	😊
오답수	아주 잘함 : 0~3	잘함 : 4~6	보통 : 7~9	노력 바람 : 10~

부모 확인란

1. 나눗셈의 몫을 구하시오.

(1) $28 \div 4 = \underline{7}$

(2) $9 \div 9 = \underline{\hphantom{0}}$

(3) $63 \div 7 = \underline{\hphantom{0}}$

(4) $16 \div 8 = \underline{\hphantom{0}}$

(5) $72 \div 8 = \underline{\hphantom{0}}$

(6) $40 \div 5 = \underline{\hphantom{0}}$

(7) $8 \div 4 = \underline{\hphantom{0}}$

(8) $3 \div 3 = \underline{\hphantom{0}}$

(9) $36 \div 6 = \underline{\hphantom{0}}$

(10) $45 \div 9 = \underline{\hphantom{0}}$

(11) $36 \div 9 = \underline{\hphantom{0}}$

(12) $8 \div 2 = \underline{\hphantom{0}}$

(13) $35 \div 5 = \underline{\hphantom{0}}$

(14) $54 \div 6 = \underline{\hphantom{0}}$

(15) $24 \div 4 = \underline{\hphantom{0}}$

(16) $20 \div 5 = \underline{\hphantom{0}}$

(17) $16 \div 4 = \underline{\hphantom{0}}$

(18) $4 \div 2 = \underline{\hphantom{0}}$

(19) $54 \div 9 = \underline{\hphantom{0}}$

(20) $20 \div 4 = \underline{\hphantom{0}}$

(21) $35 \div 7 = \underline{\hphantom{0}}$

(22) $6 \div 3 = \underline{\hphantom{0}}$

(23) $18 \div 9 = \underline{\hphantom{0}}$

(24) $18 \div 6 = \underline{\hphantom{0}}$

2. 나눗셈의 몫을 구하시오.

(1) $42 \div 7 = \underline{\hphantom{0}}$

(2) $27 \div 3 = \underline{\hphantom{0}}$

(3) $18 \div 6 = \underline{\hphantom{0}}$

(4) $16 \div 4 = \underline{\hphantom{0}}$

(5) $63 \div 9 = \underline{\hphantom{0}}$

(6) $56 \div 7 = \underline{\hphantom{0}}$

(7) $8 \div 4 = \underline{\hphantom{0}}$

(8) $10 \div 2 = \underline{\hphantom{0}}$

(9) $45 \div 5 = \underline{\hphantom{0}}$

(10) $48 \div 8 = \underline{\hphantom{0}}$

(11) $14 \div 2 = \underline{\hphantom{0}}$

(12) $42 \div 6 = \underline{\hphantom{0}}$

(13) $56 \div 8 = \underline{\hphantom{0}}$

(14) $3 \div 3 = \underline{\hphantom{0}}$

(15) $12 \div 6 = \underline{\hphantom{0}}$

(16) $64 \div 8 = \underline{\hphantom{0}}$

(17) $24 \div 6 = \underline{\hphantom{0}}$

(18) $28 \div 4 = \underline{\hphantom{0}}$

(19) $36 \div 9 = \underline{\hphantom{0}}$

(20) $6 \div 3 = \underline{\hphantom{0}}$

(21) $16 \div 2 = \underline{\hphantom{0}}$

(22) $32 \div 4 = \underline{\hphantom{0}}$

(23) $18 \div 9 = \underline{\hphantom{0}}$

(24) $15 \div 3 = \underline{\hphantom{0}}$

기본 나눗셈 1

몫 : 한 자리 수, 나머지 없음 (5)

월 일 이름

표준 완성 시간 4~5분

평가				
오답수	아주 잘함 : 0~3	잘함 : 4~6	보통 : 7~9	노력 바람 : 10~

부모 확인란

1. 나눗셈의 몫을 구하시오.

(1) 81÷9= ____　(2) 18÷3= ____

(3) 36÷6= ____　(4) 8÷4= ____

(5) 48÷8= ____　(6) 36÷4= ____

(7) 16÷4= ____　(8) 49÷7= ____

(9) 45÷9= ____　(10) 63÷9= ____

(11) 56÷7= ____　(12) 18÷9= ____

(13) 30÷6= ____　(14) 72÷8= ____

(15) 25÷5= ____　(16) 27÷3= ____

(17) 28÷4= ____　(18) 12÷2= ____

(19) 35÷5= ____　(20) 24÷6= ____

(21) 48÷6= ____　(22) 35÷7= ____

(23) 24÷8= ____　(24) 14÷2= ____

2. 나눗셈의 몫을 구하시오.

(1) 18÷2= ____　(2) 15÷5= ____

(3) 64÷8= ____　(4) 6÷2= ____

(5) 45÷5= ____　(6) 72÷9= ____

(7) 36÷9= ____　(8) 21÷7= ____

(9) 12÷4= ____　(10) 6÷3= ____

(11) 27÷3= ____　(12) 18÷6= ____

(13) 20÷5= ____　(14) 40÷5= ____

(15) 6÷6= ____　(16) 28÷7= ____

(17) 40÷8= ____　(18) 32÷4= ____

(19) 9÷3= ____　(20) 63÷7= ____

(21) 14÷2= ____　(22) 4÷2= ____

(23) 32÷8= ____　(24) 72÷8= ____

기본 나눗셈 1

몫 : 한 자리 수, 나머지 없음 (6)

월 일 이름

표준 완성 시간 4~5분

평가				
오답수	아주 잘함 : 0~3	잘함 : 4~6	보통 : 7~9	노력 바람 : 10~

부모 확인란

1. 나눗셈의 몫을 구하시오.

(1) $48 \div 8 =$ ____　(2) $24 \div 4 =$ ____

(3) $12 \div 6 =$ ____　(4) $18 \div 9 =$ ____

(5) $8 \div 8 =$ ____　(6) $36 \div 9 =$ ____

(7) $28 \div 4 =$ ____　(8) $24 \div 3 =$ ____

(9) $54 \div 9 =$ ____　(10) $16 \div 2 =$ ____

(11) $6 \div 3 =$ ____　(12) $14 \div 7 =$ ____

(13) $54 \div 6 =$ ____　(14) $40 \div 8 =$ ____

(15) $24 \div 6 =$ ____　(16) $12 \div 3 =$ ____

(17) $18 \div 2 =$ ____　(18) $81 \div 9 =$ ____

(19) $20 \div 5 =$ ____　(20) $42 \div 6 =$ ____

(21) $32 \div 8 =$ ____　(22) $28 \div 7 =$ ____

(23) $10 \div 5 =$ ____　(24) $63 \div 9 =$ ____

2. 나눗셈의 몫을 구하시오.

(1) $18 \div 2 =$ ____　(2) $56 \div 8 =$ ____

(3) $2 \div 2 =$ ____　(4) $35 \div 7 =$ ____

(5) $4 \div 2 =$ ____　(6) $45 \div 5 =$ ____

(7) $10 \div 2 =$ ____　(8) $9 \div 9 =$ ____

(9) $42 \div 7 =$ ____　(10) $36 \div 4 =$ ____

(11) $36 \div 6 =$ ____　(12) $28 \div 7 =$ ____

(13) $54 \div 9 =$ ____　(14) $16 \div 4 =$ ____

(15) $56 \div 7 =$ ____　(16) $45 \div 9 =$ ____

(17) $24 \div 8 =$ ____　(18) $9 \div 3 =$ ____

(19) $21 \div 3 =$ ____　(20) $18 \div 6 =$ ____

(21) $64 \div 8 =$ ____　(22) $12 \div 4 =$ ____

(23) $15 \div 5 =$ ____　(24) $8 \div 8 =$ ____

기본 나눗셈 2

몫 : 한 자리 수, 나머지 있음 (1)

월 일 이름

표준 완성 시간 4~5분

평가				
오답수	아주 잘함 : 0~3	잘함 : 4~6	보통 : 7~9	노력 바람 : 10~

부모 확인란

1. 나눗셈의 몫과 나머지를 구하시오.

(1) $25 \div 3 =$ 8 … 1

(2) $47 \div 9 =$ ___ … ___

(3) $26 \div 5 =$ ___ … ___

(4) $28 \div 6 =$ ___ … ___

(5) $16 \div 3 =$ ___ … ___

(6) $59 \div 8 =$ ___ … ___

(7) $13 \div 2 =$ ___ … ___

(8) $39 \div 6 =$ ___ … ___

(9) $36 \div 8 =$ ___ … ___

(10) $19 \div 9 =$ ___ … ___

(11) $38 \div 9 =$ ___ … ___

(12) $16 \div 6 =$ ___ … ___

(13) $14 \div 8 =$ ___ … ___

(14) $15 \div 7 =$ ___ … ___

(15) $8 \div 7 =$ ___ … ___

(16) $25 \div 4 =$ ___ … ___

(17) $31 \div 6 =$ ___ … ___

(18) $23 \div 5 =$ ___ … ___

(19) $37 \div 8 =$ ___ … ___

(20) $31 \div 4 =$ ___ … ___

(21) $27 \div 5 =$ ___ … ___

(22) $20 \div 7 =$ ___ … ___

(23) $66 \div 9 =$ ___ … ___

(24) $63 \div 8 =$ ___ … ___

2. 나눗셈의 몫과 나머지를 구하시오.

(1) $32 \div 5 =$ ___ … ___

(2) $23 \div 6 =$ ___ … ___

(3) $34 \div 4 =$ ___ … ___

(4) $75 \div 9 =$ ___ … ___

(5) $40 \div 6 =$ ___ … ___

(6) $5 \div 2 =$ ___ … ___

(7) $36 \div 7 =$ ___ … ___

(8) $44 \div 8 =$ ___ … ___

(9) $46 \div 9 =$ ___ … ___

(10) $47 \div 5 =$ ___ … ___

(11) $45 \div 7 =$ ___ … ___

(12) $67 \div 9 =$ ___ … ___

(13) $18 \div 5 =$ ___ … ___

(14) $23 \div 4 =$ ___ … ___

(15) $75 \div 8 =$ ___ … ___

(16) $56 \div 9 =$ ___ … ___

(17) $25 \div 3 =$ ___ … ___

(18) $70 \div 8 =$ ___ … ___

(19) $28 \div 9 =$ ___ … ___

(20) $15 \div 6 =$ ___ … ___

(21) $18 \div 4 =$ ___ … ___

(22) $12 \div 5 =$ ___ … ___

(23) $43 \div 6 =$ ___ … ___

(24) $53 \div 6 =$ ___ … ___

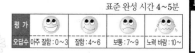

25회 기본 나눗셈 2

몫 : 한 자리 수, 나머지 있음 (2)

○ 월 ○ 일 이름

표준 완성 시간 5~6분

부모 확인란

평가	😀	😊	😐	😫
오답수	아주 잘함 : 0~3	잘함 : 4~6	보통 : 7~9	노력 바람 : 10~

1. 나눗셈의 몫과 나머지를 구하시오.

(1) $16 \div 5 = \underline{3} \cdots \underline{1}$

(2) $46 \div 6 = \underline{} \cdots \underline{}$

(3) $22 \div 3 = \underline{} \cdots \underline{}$

(4) $19 \div 7 = \underline{} \cdots \underline{}$

(5) $44 \div 8 = \underline{} \cdots \underline{}$

(6) $25 \div 8 = \underline{} \cdots \underline{}$

(7) $15 \div 4 = \underline{} \cdots \underline{}$

(8) $23 \div 3 = \underline{} \cdots \underline{}$

(9) $13 \div 3 = \underline{} \cdots \underline{}$

(10) $28 \div 6 = \underline{} \cdots \underline{}$

(11) $65 \div 7 = \underline{} \cdots \underline{}$

(12) $30 \div 4 = \underline{} \cdots \underline{}$

(13) $30 \div 8 = \underline{} \cdots \underline{}$

(14) $29 \div 9 = \underline{} \cdots \underline{}$

(15) $57 \div 6 = \underline{} \cdots \underline{}$

(16) $24 \div 5 = \underline{} \cdots \underline{}$

(17) $66 \div 9 = \underline{} \cdots \underline{}$

(18) $7 \div 5 = \underline{} \cdots \underline{}$

(19) $34 \div 4 = \underline{} \cdots \underline{}$

(20) $43 \div 7 = \underline{} \cdots \underline{}$

(21) $38 \div 8 = \underline{} \cdots \underline{}$

(22) $45 \div 6 = \underline{} \cdots \underline{}$

(23) $19 \div 2 = \underline{} \cdots \underline{}$

(24) $43 \div 8 = \underline{} \cdots \underline{}$

2. 나눗셈의 몫과 나머지를 구하시오.

(1) $35 \div 6 = \underline{} \cdots \underline{}$

(2) $14 \div 6 = \underline{} \cdots \underline{}$

(3) $69 \div 8 = \underline{} \cdots \underline{}$

(4) $15 \div 7 = \underline{} \cdots \underline{}$

(5) $7 \div 3 = \underline{} \cdots \underline{}$

(6) $22 \div 5 = \underline{} \cdots \underline{}$

(7) $33 \div 6 = \underline{} \cdots \underline{}$

(8) $47 \div 8 = \underline{} \cdots \underline{}$

(9) $26 \div 7 = \underline{} \cdots \underline{}$

(10) $7 \div 4 = \underline{} \cdots \underline{}$

(11) $18 \div 4 = \underline{} \cdots \underline{}$

(12) $64 \div 7 = \underline{} \cdots \underline{}$

(13) $28 \div 8 = \underline{} \cdots \underline{}$

(14) $33 \div 6 = \underline{} \cdots \underline{}$

(15) $27 \div 5 = \underline{} \cdots \underline{}$

(16) $58 \div 8 = \underline{} \cdots \underline{}$

(17) $70 \div 9 = \underline{} \cdots \underline{}$

(18) $35 \div 4 = \underline{} \cdots \underline{}$

(19) $38 \div 6 = \underline{} \cdots \underline{}$

(20) $76 \div 8 = \underline{} \cdots \underline{}$

(21) $26 \div 3 = \underline{} \cdots \underline{}$

(22) $48 \div 5 = \underline{} \cdots \underline{}$

(23) $60 \div 7 = \underline{} \cdots \underline{}$

(24) $55 \div 6 = \underline{} \cdots \underline{}$

기본 나눗셈 2

몫 : 한 자리 수, 나머지 있음 (3)

월 일 이름

표준 완성 시간 5~6분

평가				
오답수	아주 잘함 : 0~3	잘함 : 4~6	보통 : 7~9	노력 바람 : 10~

부모 확인란

1. 나눗셈의 몫과 나머지를 구하시오.

(1) $74 \div 9 =$ 8 … 2

(2) $68 \div 8 =$ ___ … ___

(3) $26 \div 6 =$ ___ … ___

(4) $34 \div 7 =$ ___ … ___

(5) $43 \div 6 =$ ___ … ___

(6) $25 \div 7 =$ ___ … ___

(7) $69 \div 7 =$ ___ … ___

(8) $28 \div 8 =$ ___ … ___

(9) $6 \div 4 =$ ___ … ___

(10) $24 \div 5 =$ ___ … ___

(11) $56 \div 9 =$ ___ … ___

(12) $59 \div 7 =$ ___ … ___

(13) $26 \div 5 =$ ___ … ___

(14) $17 \div 3 =$ ___ … ___

(15) $30 \div 9 =$ ___ … ___

(16) $7 \div 6 =$ ___ … ___

(17) $23 \div 3 =$ ___ … ___

(18) $68 \div 9 =$ ___ … ___

(19) $17 \div 4 =$ ___ … ___

(20) $32 \div 5 =$ ___ … ___

(21) $25 \div 7 =$ ___ … ___

(22) $37 \div 9 =$ ___ … ___

(23) $42 \div 5 =$ ___ … ___

(24) $46 \div 8 =$ ___ … ___

2. 나눗셈의 몫과 나머지를 구하시오.

(1) $18 \div 4 =$ ___ … ___

(2) $4 \div 3 =$ ___ … ___

(3) $57 \div 6 =$ ___ … ___

(4) $49 \div 9 =$ ___ … ___

(5) $39 \div 9 =$ ___ … ___

(6) $44 \div 5 =$ ___ … ___

(7) $30 \div 4 =$ ___ … ___

(8) $25 \div 8 =$ ___ … ___

(9) $47 \div 6 =$ ___ … ___

(10) $44 \div 7 =$ ___ … ___

(11) $35 \div 8 =$ ___ … ___

(12) $29 \div 6 =$ ___ … ___

(13) $38 \div 5 =$ ___ … ___

(14) $34 \div 4 =$ ___ … ___

(15) $65 \div 7 =$ ___ … ___

(16) $18 \div 5 =$ ___ … ___

(17) $26 \div 9 =$ ___ … ___

(18) $16 \div 7 =$ ___ … ___

(19) $9 \div 4 =$ ___ … ___

(20) $27 \div 4 =$ ___ … ___

(21) $46 \div 5 =$ ___ … ___

(22) $22 \div 8 =$ ___ … ___

(23) $83 \div 9 =$ ___ … ___

(24) $27 \div 6 =$ ___ … ___

기본 나눗셈 2

몫 : 한 자리 수,
나머지 있음 (4)

월 일 이름

표준 완성 시간 5~6분

평가				
오답수	아주 잘함 : 0~3	잘함 : 4~6	보통 : 7~9	노력 바람 : 10~

부모 확인란

1. 나눗셈의 몫과 나머지를 구하시오.

(1) 5÷3= 1 … 2

(2) 67÷7= ___ … ___

(3) 42÷5= ___ … ___

(4) 65÷8= ___ … ___

(5) 43÷8= ___ … ___

(6) 8÷6= ___ … ___

(7) 14÷4= ___ … ___

(8) 15÷6= ___ … ___

(9) 77÷9= ___ … ___

(10) 46÷7= ___ … ___

(11) 39÷4= ___ … ___

(12) 15÷2= ___ … ___

(13) 38÷7= ___ … ___

(14) 74÷8= ___ … ___

(15) 33÷5= ___ … ___

(16) 29÷5= ___ … ___

(17) 27÷7= ___ … ___

(18) 69÷7= ___ … ___

(19) 13÷6= ___ … ___

(20) 26÷3= ___ … ___

(21) 80÷9= ___ … ___

(22) 45÷7= ___ … ___

(23) 31÷4= ___ … ___

(24) 8÷5= ___ … ___

2. 나눗셈의 몫과 나머지를 구하시오.

(1) 14÷8= ___ … ___

(2) 64÷9= ___ … ___

(3) 77÷8= ___ … ___

(4) 88÷9= ___ … ___

(5) 17÷3= ___ … ___

(6) 26÷8= ___ … ___

(7) 54÷7= ___ … ___

(8) 19÷6= ___ … ___

(9) 14÷5= ___ … ___

(10) 46÷7= ___ … ___

(11) 5÷4= ___ … ___

(12) 28÷3= ___ … ___

(13) 59÷9= ___ … ___

(14) 85÷9= ___ … ___

(15) 52÷6= ___ … ___

(16) 16÷7= ___ … ___

(17) 19÷2= ___ … ___

(18) 27÷8= ___ … ___

(19) 58÷7= ___ … ___

(20) 27÷4= ___ … ___

(21) 31÷5= ___ … ___

(22) 15÷9= ___ … ___

(23) 38÷7= ___ … ___

(24) 29÷7= ___ … ___

기본 나눗셈 2

몫 : 한 자리 수, 나머지 있음 (5)

월 일 이름

표준 완성 시간 5~6분

평가				
오답수	아주 잘함 : 0~3	잘함 : 4~6	보통 : 7~9	노력 바람 : 10~

부모 확인란

1. 나눗셈의 몫과 나머지를 구하시오.

(1) 19÷5= 3 … 4

(2) 13÷2= ___ … ___

(3) 48÷7= ___ … ___

(4) 32÷6= ___ … ___

(5) 25÷6= ___ … ___

(6) 22÷4= ___ … ___

(7) 79÷9= ___ … ___

(8) 75÷9= ___ … ___

(9) 9÷2= ___ … ___

(10) 39÷7= ___ … ___

(11) 18÷8= ___ … ___

(12) 13÷3= ___ … ___

(13) 15÷7= ___ … ___

(14) 43÷6= ___ … ___

(15) 29÷4= ___ … ___

(16) 76÷8= ___ … ___

(17) 38÷4= ___ … ___

(18) 32÷5= ___ … ___

(19) 4÷3= ___ … ___

(20) 83÷9= ___ … ___

(21) 68÷8= ___ … ___

(22) 28÷5= ___ … ___

(23) 16÷6= ___ … ___

(24) 67÷7= ___ … ___

2. 나눗셈의 몫과 나머지를 구하시오.

(1) 13÷5= 2 … 3

(2) 39÷5= ___ … ___

(3) 41÷8= ___ … ___

(4) 29÷3= ___ … ___

(5) 58÷6= ___ … ___

(6) 86÷9= ___ … ___

(7) 13÷4= ___ … ___

(8) 59÷8= ___ … ___

(9) 79÷8= ___ … ___

(10) 37÷7= ___ … ___

(11) 3÷2= ___ … ___

(12) 27÷4= ___ … ___

(13) 46÷9= ___ … ___

(14) 9÷5= ___ … ___

(15) 44÷6= ___ … ___

(16) 73÷8= ___ … ___

(17) 18÷7= ___ … ___

(18) 69÷9= ___ … ___

(19) 19÷3= ___ … ___

(20) 38÷6= ___ … ___

(21) 66÷7= ___ … ___

(22) 19÷7= ___ … ___

(23) 28÷6= ___ … ___

(24) 73÷9= ___ … ___

기본 나눗셈 2

몫 : 한 자리 수, 나머지 있음 (6)

월 일 이름

표준 완성 시간 5~6분

평가				
오답수	아주 잘함 : 0~3	잘함 : 4~6	보통 : 7~9	노력 바람 : 10~

부모 확인란

1. 나눗셈의 몫과 나머지를 구하시오.

(1) $15\div2=$ 7 … 1
(2) $46\div6=$ ___ … ___
(3) $13\div6=$ ___ … ___
(4) $18\div5=$ ___ … ___
(5) $14\div4=$ ___ … ___
(6) $47\div9=$ ___ … ___
(7) $28\div8=$ ___ … ___
(8) $24\div5=$ ___ … ___
(9) $75\div9=$ ___ … ___
(10) $47\div7=$ ___ … ___
(11) $68\div7=$ ___ … ___
(12) $15\div6=$ ___ … ___
(13) $37\div6=$ ___ … ___
(14) $41\div5=$ ___ … ___
(15) $64\div9=$ ___ … ___
(16) $26\div7=$ ___ … ___
(17) $39\div4=$ ___ … ___
(18) $36\div5=$ ___ … ___
(19) $57\div6=$ ___ … ___
(20) $19\div8=$ ___ … ___
(21) $75\div8=$ ___ … ___
(22) $43\div8=$ ___ … ___
(23) $25\div4=$ ___ … ___
(24) $29\div3=$ ___ … ___

2. 나눗셈의 몫과 나머지를 구하시오.

(1) $87\div9=$ ___ … ___
(2) $19\div7=$ ___ … ___
(3) $46\div5=$ ___ … ___
(4) $29\div4=$ ___ … ___
(5) $57\div8=$ ___ … ___
(6) $55\div6=$ ___ … ___
(7) $39\div9=$ ___ … ___
(8) $23\div5=$ ___ … ___
(9) $67\div7=$ ___ … ___
(10) $17\div8=$ ___ … ___
(11) $46\div6=$ ___ … ___
(12) $22\div4=$ ___ … ___
(13) $77\div9=$ ___ … ___
(14) $36\div7=$ ___ … ___
(15) $16\div5=$ ___ … ___
(16) $11\div2=$ ___ … ___
(17) $39\div8=$ ___ … ___
(18) $65\div9=$ ___ … ___
(19) $28\div6=$ ___ … ___
(20) $16\div6=$ ___ … ___
(21) $57\div7=$ ___ … ___
(22) $33\div5=$ ___ … ___
(23) $17\div4=$ ___ … ___
(24) $67\div8=$ ___ … ___

기본 나눗셈 2

몫 : 한 자리 수, 나머지 있음 (7)

월 일 이름

표준 완성 시간 5~6분

평가				
오답수	아주 잘함 : 0~3	잘함 : 4~6	보통 : 7~9	노력 바람 : 10~

부모 확인란

1. 나눗셈의 몫과 나머지를 구하시오.

(1) $44 \div 6 =$ ____ ⋯ ____

(2) $38 \div 7 =$ ____ ⋯ ____

(3) $66 \div 8 =$ ____ ⋯ ____

(4) $75 \div 9 =$ ____ ⋯ ____

(5) $15 \div 6 =$ ____ ⋯ ____

(6) $12 \div 5 =$ ____ ⋯ ____

(7) $28 \div 6 =$ ____ ⋯ ____

(8) $45 \div 8 =$ ____ ⋯ ____

(9) $37 \div 7 =$ ____ ⋯ ____

(10) $44 \div 5 =$ ____ ⋯ ____

(11) $43 \div 8 =$ ____ ⋯ ____

(12) $25 \div 3 =$ ____ ⋯ ____

(13) $37 \div 7 =$ ____ ⋯ ____

(14) $21 \div 9 =$ ____ ⋯ ____

(15) $33 \div 6 =$ ____ ⋯ ____

(16) $14 \div 3 =$ ____ ⋯ ____

(17) $28 \div 9 =$ ____ ⋯ ____

(18) $17 \div 7 =$ ____ ⋯ ____

(19) $13 \div 5 =$ ____ ⋯ ____

(20) $10 \div 4 =$ ____ ⋯ ____

(21) $27 \div 4 =$ ____ ⋯ ____

(22) $17 \div 6 =$ ____ ⋯ ____

(23) $18 \div 8 =$ ____ ⋯ ____

(24) $76 \div 8 =$ ____ ⋯ ____

2. 나눗셈의 몫과 나머지를 구하시오.

(1) $16 \div 7 =$ ____ ⋯ ____

(2) $55 \div 9 =$ ____ ⋯ ____

(3) $8 \div 6 =$ ____ ⋯ ____

(4) $46 \div 7 =$ ____ ⋯ ____

(5) $38 \div 9 =$ ____ ⋯ ____

(6) $29 \div 4 =$ ____ ⋯ ____

(7) $32 \div 5 =$ ____ ⋯ ____

(8) $77 \div 8 =$ ____ ⋯ ____

(9) $26 \div 8 =$ ____ ⋯ ____

(10) $44 \div 6 =$ ____ ⋯ ____

(11) $17 \div 5 =$ ____ ⋯ ____

(12) $48 \div 9 =$ ____ ⋯ ____

(13) $44 \div 5 =$ ____ ⋯ ____

(14) $47 \div 6 =$ ____ ⋯ ____

(15) $66 \div 9 =$ ____ ⋯ ____

(16) $30 \div 4 =$ ____ ⋯ ____

(17) $47 \div 6 =$ ____ ⋯ ____

(18) $27 \div 8 =$ ____ ⋯ ____

(19) $19 \div 7 =$ ____ ⋯ ____

(20) $33 \div 5 =$ ____ ⋯ ____

(21) $47 \div 8 =$ ____ ⋯ ____

(22) $23 \div 3 =$ ____ ⋯ ____

(23) $17 \div 2 =$ ____ ⋯ ____

(24) $13 \div 4 =$ ____ ⋯ ____

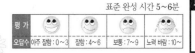

31회 기본 나눗셈 2

몫 : 한 자리 수, 나머지 있음 (8)

월 일 이름

표준 완성 시간 5~6분

평가				
오답수	아주 잘함 : 0~3	잘함 : 4~6	보통 : 7~9	노력 바람 : 10~

부모 확인란

1. 나눗셈의 몫과 나머지를 구하시오.

(1) $31 \div 5 =$ ___ … ___

(2) $85 \div 9 =$ ___ … ___

(3) $29 \div 8 =$ ___ … ___

(4) $17 \div 7 =$ ___ … ___

(5) $17 \div 4 =$ ___ … ___

(6) $25 \div 6 =$ ___ … ___

(7) $5 \div 3 =$ ___ … ___

(8) $46 \div 8 =$ ___ … ___

(9) $30 \div 7 =$ ___ … ___

(10) $11 \div 5 =$ ___ … ___

(11) $18 \div 4 =$ ___ … ___

(12) $47 \div 7 =$ ___ … ___

(13) $16 \div 3 =$ ___ … ___

(14) $69 \div 8 =$ ___ … ___

(15) $57 \div 9 =$ ___ … ___

(16) $64 \div 7 =$ ___ … ___

(17) $73 \div 8 =$ ___ … ___

(18) $21 \div 4 =$ ___ … ___

(19) $19 \div 5 =$ ___ … ___

(20) $48 \div 9 =$ ___ … ___

(21) $25 \div 7 =$ ___ … ___

(22) $59 \div 6 =$ ___ … ___

(23) $34 \div 5 =$ ___ … ___

(24) $38 \div 6 =$ ___ … ___

2. 나눗셈의 몫과 나머지를 구하시오.

(1) $67 \div 9 =$ ___ … ___

(2) $6 \div 4 =$ ___ … ___

(3) $11 \div 2 =$ ___ … ___

(4) $7 \div 3 =$ ___ … ___

(5) $58 \div 7 =$ ___ … ___

(6) $59 \div 9 =$ ___ … ___

(7) $15 \div 8 =$ ___ … ___

(8) $24 \div 9 =$ ___ … ___

(9) $27 \div 5 =$ ___ … ___

(10) $19 \div 6 =$ ___ … ___

(11) $33 \div 9 =$ ___ … ___

(12) $38 \div 8 =$ ___ … ___

(13) $43 \div 7 =$ ___ … ___

(14) $27 \div 7 =$ ___ … ___

(15) $32 \div 6 =$ ___ … ___

(16) $47 \div 5 =$ ___ … ___

(17) $65 \div 8 =$ ___ … ___

(18) $19 \div 3 =$ ___ … ___

(19) $49 \div 5 =$ ___ … ___

(20) $59 \div 8 =$ ___ … ___

(21) $65 \div 7 =$ ___ … ___

(22) $22 \div 5 =$ ___ … ___

(23) $9 \div 8 =$ ___ … ___

(24) $83 \div 9 =$ ___ … ___

기본 나눗셈 3

몫 : 한 자리 수, 나머지 있음 (1)

월 일 이름

표준 완성 시간 5~6분

평가				
오답수	아주 잘함 : 0~3	잘함 : 4~6	보통 : 7~9	노력 바람 : 10~

부모 확인란

1. 나눗셈의 몫과 나머지를 구하시오.

(1) $26\div6=$ 4 … 2

(2) $32\div9=$ ___ … ___

(3) $31\div7=$ ___ … ___

(4) $12\div8=$ ___ … ___

(5) $14\div5=$ ___ … ___

(6) $17\div9=$ ___ … ___

(7) $40\div7=$ ___ … ___

(8) $11\div3=$ ___ … ___

(9) $52\div6=$ ___ … ___

(10) $13\div2=$ ___ … ___

(11) $62\div9=$ ___ … ___

(12) $62\div7=$ ___ … ___

(13) $45\div8=$ ___ … ___

(14) $15\div8=$ ___ … ___

(15) $16\div3=$ ___ … ___

(16) $33\div9=$ ___ … ___

(17) $10\div7=$ ___ … ___

(18) $52\div8=$ ___ … ___

(19) $50\div9=$ ___ … ___

(20) $34\div7=$ ___ … ___

(21) $23\div5=$ ___ … ___

(22) $21\div4=$ ___ … ___

(23) $22\div9=$ ___ … ___

(24) $11\div6=$ ___ … ___

2. 나눗셈의 몫과 나머지를 구하시오.

(1) $20\div8=$ ___ … ___

(2) $20\div3=$ ___ … ___

(3) $41\div7=$ ___ … ___

(4) $51\div9=$ ___ … ___

(5) $51\div6=$ ___ … ___

(6) $22\div5=$ ___ … ___

(7) $44\div9=$ ___ … ___

(8) $34\div9=$ ___ … ___

(9) $30\div4=$ ___ … ___

(10) $21\div8=$ ___ … ___

(11) $50\div9=$ ___ … ___

(12) $48\div5=$ ___ … ___

(13) $40\div6=$ ___ … ___

(14) $57\div8=$ ___ … ___

(15) $61\div8=$ ___ … ___

(16) $33\div9=$ ___ … ___

(17) $13\div2=$ ___ … ___

(18) $60\div8=$ ___ … ___

(19) $12\div7=$ ___ … ___

(20) $50\div7=$ ___ … ___

(21) $53\div6=$ ___ … ___

(22) $23\div9=$ ___ … ___

(23) $28\div3=$ ___ … ___

(24) $71\div8=$ ___ … ___

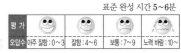

기본 나눗셈 3

몫 : 한 자리 수, 나머지 있음 (2)

월 일 이름

표준 완성 시간 5~6분

평가				
오답수	아주 잘함 : 0~3	잘함 : 4~6	보통 : 7~9	노력 바람 : 10~

부모 확인란

1. 나눗셈의 몫과 나머지를 구하시오.

(1) $30\div8=$ 3 … 6　　(2) $17\div7=$ ___ … ___

(3) $15\div8=$ ___ … ___　　(4) $23\div6=$ ___ … ___

(5) $33\div7=$ ___ … ___　　(6) $21\div9=$ ___ … ___

(7) $30\div9=$ ___ … ___　　(8) $14\div3=$ ___ … ___

(9) $41\div6=$ ___ … ___　　(10) $46\div5=$ ___ … ___

(11) $11\div2=$ ___ … ___　　(12) $70\div8=$ ___ … ___

(13) $42\div9=$ ___ … ___　　(14) $55\div9=$ ___ … ___

(15) $67\div7=$ ___ … ___　　(16) $54\div7=$ ___ … ___

(17) $44\div9=$ ___ … ___　　(18) $22\div3=$ ___ … ___

(19) $60\div7=$ ___ … ___　　(20) $11\div4=$ ___ … ___

(21) $13\div2=$ ___ … ___　　(22) $80\div9=$ ___ … ___

(23) $31\div6=$ ___ … ___　　(24) $62\div8=$ ___ … ___

2. 나눗셈의 몫과 나머지를 구하시오.

(1) $12\div5=$ ___ … ___　　(2) $40\div6=$ ___ … ___

(3) $35\div9=$ ___ … ___　　(4) $53\div8=$ ___ … ___

(5) $31\div7=$ ___ … ___　　(6) $20\div3=$ ___ … ___

(7) $13\div4=$ ___ … ___　　(8) $11\div6=$ ___ … ___

(9) $27\div8=$ ___ … ___　　(10) $71\div8=$ ___ … ___

(11) $15\div9=$ ___ … ___　　(12) $62\div7=$ ___ … ___

(13) $80\div9=$ ___ … ___　　(14) $21\div6=$ ___ … ___

(15) $24\div5=$ ___ … ___　　(16) $51\div8=$ ___ … ___

(17) $50\div6=$ ___ … ___　　(18) $59\div7=$ ___ … ___

(19) $52\div9=$ ___ … ___　　(20) $25\div9=$ ___ … ___

(21) $50\div8=$ ___ … ___　　(22) $10\div4=$ ___ … ___

(23) $16\div3=$ ___ … ___　　(24) $41\div5=$ ___ … ___

기본 나눗셈 3

몫 : 한 자리 수,
나머지 있음 (3)

월 일 이름

표준 완성 시간 5~6분

평가				
오답수	아주 잘함 : 0~3	잘함 : 4~6	보통 : 7~9	노력 바람 : 10~

부모 확인란

1. 나눗셈의 몫과 나머지를 구하시오.

(1) $50 \div 9 =$ 5 … 5

(2) $11 \div 3 =$ ___ … ___

(3) $54 \div 8 =$ ___ … ___

(4) $38 \div 7 =$ ___ … ___

(5) $22 \div 6 =$ ___ … ___

(6) $14 \div 9 =$ ___ … ___

(7) $10 \div 3 =$ ___ … ___

(8) $30 \div 4 =$ ___ … ___

(9) $13 \div 8 =$ ___ … ___

(10) $45 \div 8 =$ ___ … ___

(11) $62 \div 7 =$ ___ … ___

(12) $22 \div 9 =$ ___ … ___

(13) $26 \div 5 =$ ___ … ___

(14) $80 \div 9 =$ ___ … ___

(15) $31 \div 7 =$ ___ … ___

(16) $40 \div 7 =$ ___ … ___

(17) $32 \div 9 =$ ___ … ___

(18) $50 \div 6 =$ ___ … ___

(19) $11 \div 7 =$ ___ … ___

(20) $78 \div 8 =$ ___ … ___

(21) $53 \div 9 =$ ___ … ___

(22) $43 \div 5 =$ ___ … ___

(23) $27 \div 4 =$ ___ … ___

(24) $20 \div 7 =$ ___ … ___

2. 나눗셈의 몫과 나머지를 구하시오.

(1) $10 \div 4 =$ ___ … ___

(2) $34 \div 9 =$ ___ … ___

(3) $23 \div 9 =$ ___ … ___

(4) $21 \div 8 =$ ___ … ___

(5) $48 \div 7 =$ ___ … ___

(6) $53 \div 6 =$ ___ … ___

(7) $53 \div 7 =$ ___ … ___

(8) $42 \div 8 =$ ___ … ___

(9) $52 \div 6 =$ ___ … ___

(10) $30 \div 8 =$ ___ … ___

(11) $12 \div 9 =$ ___ … ___

(12) $33 \div 9 =$ ___ … ___

(13) $60 \div 8 =$ ___ … ___

(14) $22 \div 8 =$ ___ … ___

(15) $41 \div 9 =$ ___ … ___

(16) $13 \div 7 =$ ___ … ___

(17) $15 \div 7 =$ ___ … ___

(18) $56 \div 6 =$ ___ … ___

(19) $18 \div 4 =$ ___ … ___

(20) $79 \div 9 =$ ___ … ___

(21) $63 \div 8 =$ ___ … ___

(22) $34 \div 7 =$ ___ … ___

(23) $62 \div 9 =$ ___ … ___

(24) $23 \div 9 =$ ___ … ___

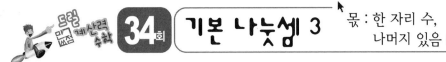

드릴 맛있는 계산력 수학 35회

기본 나눗셈 3

몫 : 한 자리 수, 나머지 있음 (4)

월 일 이름

표준 완성 시간 5~6분

평가				
오답수	아주 잘함 : 0~3	잘함 : 4~6	보통 : 7~9	노력 바람 : 10~

부모 확인란

1. 나눗셈의 몫과 나머지를 구하시오.

(1) 70÷9= 7 ··· 7　(2) 40÷9= ___ ··· ___

(3) 13÷9= ___ ··· ___　(4) 14÷3= ___ ··· ___

(5) 26÷8= ___ ··· ___　(6) 62÷7= ___ ··· ___

(7) 43÷9= ___ ··· ___　(8) 25÷7= ___ ··· ___

(9) 10÷4= ___ ··· ___　(10) 60÷8= ___ ··· ___

(11) 24÷5= ___ ··· ___　(12) 11÷6= ___ ··· ___

(13) 50÷8= ___ ··· ___　(14) 35÷9= ___ ··· ___

(15) 10÷9= ___ ··· ___　(16) 21÷6= ___ ··· ___

(17) 20÷3= ___ ··· ___　(18) 53÷8= ___ ··· ___

(19) 12÷9= ___ ··· ___　(20) 41÷7= ___ ··· ___

(21) 41÷6= ___ ··· ___　(22) 52÷7= ___ ··· ___

(23) 20÷9= ___ ··· ___　(24) 56÷6= ___ ··· ___

2. 나눗셈의 몫과 나머지를 구하시오.

(1) 50÷7= ___ ··· ___　(2) 23÷5= ___ ··· ___

(3) 22÷8= ___ ··· ___　(4) 30÷4= ___ ··· ___

(5) 25÷9= ___ ··· ___　(6) 16÷9= ___ ··· ___

(7) 23÷6= ___ ··· ___　(8) 54÷7= ___ ··· ___

(9) 25÷9= ___ ··· ___　(10) 53÷9= ___ ··· ___

(11) 31÷8= ___ ··· ___　(12) 11÷4= ___ ··· ___

(13) 33÷7= ___ ··· ___　(14) 34÷9= ___ ··· ___

(15) 30÷9= ___ ··· ___　(16) 14÷8= ___ ··· ___

(17) 10÷3= ___ ··· ___　(18) 60÷8= ___ ··· ___

(19) 42÷9= ___ ··· ___　(20) 12÷7= ___ ··· ___

(21) 60÷9= ___ ··· ___　(22) 14÷8= ___ ··· ___

(23) 41÷7= ___ ··· ___　(24) 52÷9= ___ ··· ___

기본 나눗셈 3

몫 : 한 자리 수, 나머지 있음 (5)

월 일 이름

표준 완성 시간 5~6분

평가				
오답수	아주 잘함 : 0~3	잘함 : 4~6	보통 : 7~9	노력 바람 : 10~

부모 확인란

1. 나눗셈의 몫과 나머지를 구하시오.

(1) 53÷6= 8 … 5
(2) 13÷7= ____ … ____
(3) 23÷9= ____ … ____
(4) 31÷9= ____ … ____
(5) 44÷8= ____ … ____
(6) 21÷8= ____ … ____
(7) 26÷6= ____ … ____
(8) 60÷9= ____ … ____
(9) 59÷8= ____ … ____
(10) 30÷7= ____ … ____
(11) 11÷7= ____ … ____
(12) 55÷8= ____ … ____
(13) 19÷2= ____ … ____
(14) 40÷6= ____ … ____
(15) 10÷3= ____ … ____
(16) 15÷8= ____ … ____
(17) 62÷9= ____ … ____
(18) 20÷7= ____ … ____
(19) 19÷4= ____ … ____
(20) 22÷9= ____ … ____
(21) 11÷5= ____ … ____
(22) 29÷3= ____ … ____
(23) 21÷8= ____ … ____
(24) 73÷8= ____ … ____

2. 나눗셈의 몫과 나머지를 구하시오.

(1) 14÷6= ____ … ____
(2) 61÷8= ____ … ____
(3) 32÷7= ____ … ____
(4) 52÷6= ____ … ____
(5) 23÷9= ____ … ____
(6) 60÷8= ____ … ____
(7) 52÷8= ____ … ____
(8) 20÷6= ____ … ____
(9) 19÷9= ____ … ____
(10) 30÷8= ____ … ____
(11) 51÷6= ____ … ____
(12) 53÷6= ____ … ____
(13) 41÷9= ____ … ____
(14) 61÷7= ____ … ____
(15) 50÷7= ____ … ____
(16) 43÷8= ____ … ____
(17) 40÷7= ____ … ____
(18) 51÷8= ____ … ____
(19) 22÷6= ____ … ____
(20) 14÷9= ____ … ____
(21) 34÷5= ____ … ____
(22) 47÷7= ____ … ____
(23) 20÷7= ____ … ____
(24) 33÷8= ____ … ____

37회 기본 나눗셈 3

몫 : 한 자리 수,
나머지 있음 (6)

월 일 이름

표준 완성 시간 5~6분

평가				
오답수	아주 잘함 : 0~3	잘함 : 4~6	보통 : 7~9	노력 바람 : 10~

부모 확인란

1. 나눗셈의 몫과 나머지를 구하시오.

(1) $24 \div 5 =$ 4 … 4

(2) $17 \div 2 =$ ____ … ____

(3) $31 \div 8 =$ ____ … ____

(4) $22 \div 4 =$ ____ … ____

(5) $41 \div 7 =$ ____ … ____

(6) $32 \div 9 =$ ____ … ____

(7) $12 \div 8 =$ ____ … ____

(8) $50 \div 8 =$ ____ … ____

(9) $21 \div 6 =$ ____ … ____

(10) $21 \div 9 =$ ____ … ____

(11) $11 \div 2 =$ ____ … ____

(12) $54 \div 7 =$ ____ … ____

(13) $37 \div 4 =$ ____ … ____

(14) $70 \div 9 =$ ____ … ____

(15) $32 \div 7 =$ ____ … ____

(16) $60 \div 7 =$ ____ … ____

(17) $23 \div 6 =$ ____ … ____

(18) $42 \div 9 =$ ____ … ____

(19) $24 \div 7 =$ ____ … ____

(20) $11 \div 5 =$ ____ … ____

(21) $53 \div 9 =$ ____ … ____

(22) $71 \div 9 =$ ____ … ____

(23) $20 \div 3 =$ ____ … ____

(24) $70 \div 8 =$ ____ … ____

2. 나눗셈의 몫과 나머지를 구하시오.

(1) $25 \div 6 =$ ____ … ____

(2) $20 \div 9 =$ ____ … ____

(3) $41 \div 6 =$ ____ … ____

(4) $33 \div 8 =$ ____ … ____

(5) $52 \div 8 =$ ____ … ____

(6) $40 \div 9 =$ ____ … ____

(7) $10 \div 6 =$ ____ … ____

(8) $11 \div 4 =$ ____ … ____

(9) $53 \div 8 =$ ____ … ____

(10) $35 \div 9 =$ ____ … ____

(11) $51 \div 9 =$ ____ … ____

(12) $14 \div 8 =$ ____ … ____

(13) $10 \div 6 =$ ____ … ____

(14) $34 \div 7 =$ ____ … ____

(15) $62 \div 9 =$ ____ … ____

(16) $51 \div 7 =$ ____ … ____

(17) $30 \div 9 =$ ____ … ____

(18) $16 \div 9 =$ ____ … ____

(19) $61 \div 7 =$ ____ … ____

(20) $50 \div 6 =$ ____ … ____

(21) $15 \div 4 =$ ____ … ____

(22) $44 \div 9 =$ ____ … ____

(23) $52 \div 8 =$ ____ … ____

(24) $55 \div 7 =$ ____ … ____

기본 나눗셈 3

몫 : 한 자리 수, 나머지 있음 (7)

월 일 이름

표준 완성 시간 5~6분

평가				
오답수	아주 잘함 : 0~3	잘함 : 4~6	보통 : 7~9	노력 바람 : 10~

부모 확인란

1. 나눗셈의 몫과 나머지를 구하시오.

(1) $53 \div 9 =$ 5 … 8

(2) $15 \div 2 =$ ___ … ___

(3) $51 \div 6 =$ ___ … ___

(4) $13 \div 3 =$ ___ … ___

(5) $43 \div 9 =$ ___ … ___

(6) $20 \div 7 =$ ___ … ___

(7) $17 \div 9 =$ ___ … ___

(8) $62 \div 9 =$ ___ … ___

(9) $22 \div 9 =$ ___ … ___

(10) $12 \div 7 =$ ___ … ___

(11) $53 \div 7 =$ ___ … ___

(12) $80 \div 9 =$ ___ … ___

(13) $42 \div 9 =$ ___ … ___

(14) $54 \div 8 =$ ___ … ___

(15) $71 \div 8 =$ ___ … ___

(16) $61 \div 8 =$ ___ … ___

(17) $23 \div 8 =$ ___ … ___

(18) $10 \div 3 =$ ___ … ___

(19) $43 \div 8 =$ ___ … ___

(20) $40 \div 7 =$ ___ … ___

(21) $30 \div 4 =$ ___ … ___

(22) $60 \div 9 =$ ___ … ___

(23) $11 \div 8 =$ ___ … ___

(24) $62 \div 7 =$ ___ … ___

2. 나눗셈의 몫과 나머지를 구하시오.

(1) $21 \div 4 =$ ___ … ___

(2) $31 \div 4 =$ ___ … ___

(3) $50 \div 7 =$ ___ … ___

(4) $30 \div 8 =$ ___ … ___

(5) $53 \div 6 =$ ___ … ___

(6) $22 \div 6 =$ ___ … ___

(7) $60 \div 8 =$ ___ … ___

(8) $28 \div 9 =$ ___ … ___

(9) $34 \div 5 =$ ___ … ___

(10) $20 \div 6 =$ ___ … ___

(11) $52 \div 6 =$ ___ … ___

(12) $35 \div 9 =$ ___ … ___

(13) $12 \div 9 =$ ___ … ___

(14) $16 \div 7 =$ ___ … ___

(15) $51 \div 8 =$ ___ … ___

(16) $23 \div 9 =$ ___ … ___

(17) $41 \div 5 =$ ___ … ___

(18) $52 \div 8 =$ ___ … ___

(19) $55 \div 8 =$ ___ … ___

(20) $63 \div 8 =$ ___ … ___

(21) $26 \div 9 =$ ___ … ___

(22) $40 \div 6 =$ ___ … ___

(23) $13 \div 8 =$ ___ … ___

(24) $10 \div 8 =$ ___ … ___

39회 기본 나눗셈 3

몫 : 한 자리 수, 나머지 있음 (8)

월 일 이름

표준 완성 시간 5~6분

평가				
오답수	아주 잘함 : 0~3	잘함 : 4~6	보통 : 7~9	노력 바람 : 10~

부모 확인란

1. 나눗셈의 몫과 나머지를 구하시오.

(1) 52÷9= 5 … 7
(2) 51÷7= ___ … ___
(3) 50÷6= ___ … ___
(4) 12÷9= ___ … ___
(5) 30÷9= ___ … ___
(6) 11÷8= ___ … ___
(7) 31÷7= ___ … ___
(8) 40÷9= ___ … ___
(9) 53÷9= ___ … ___
(10) 23÷6= ___ … ___
(11) 22÷8= ___ … ___
(12) 31÷8= ___ … ___
(13) 20÷3= ___ … ___
(14) 70÷8= ___ … ___
(15) 33÷7= ___ … ___
(16) 18÷7= ___ … ___
(17) 71÷9= ___ … ___
(18) 53÷8= ___ … ___
(19) 52÷7= ___ … ___
(20) 16÷9= ___ … ___
(21) 11÷6= ___ … ___
(22) 50÷8= ___ … ___
(23) 60÷7= ___ … ___
(24) 61÷9= ___ … ___

2. 나눗셈의 몫과 나머지를 구하시오.

(1) 25÷9= ___ … ___
(2) 42÷9= ___ … ___
(3) 35÷4= ___ … ___
(4) 11÷4= ___ … ___
(5) 48÷7= ___ … ___
(6) 20÷9= ___ … ___
(7) 13÷6= ___ … ___
(8) 55÷8= ___ … ___
(9) 21÷8= ___ … ___
(10) 46÷9= ___ … ___
(11) 35÷9= ___ … ___
(12) 30÷7= ___ … ___
(13) 41÷6= ___ … ___
(14) 70÷9= ___ … ___
(15) 62÷8= ___ … ___
(16) 54÷7= ___ … ___
(17) 59÷9= ___ … ___
(18) 15÷9= ___ … ___
(19) 32÷7= ___ … ___
(20) 10÷6= ___ … ___
(21) 14÷8= ___ … ___
(22) 21÷6= ___ … ___
(23) 41÷5= ___ … ___
(24) 24÷9= ___ … ___

기본 나눗셈 3

몫 : 한 자리 수, 나머지 있음 (9)

월 일 이름

표준 완성 시간 5~6분

평가				
오답수	아주 잘함 : 0~3	잘함 : 4~6	보통 : 7~9	노력 바람 : 10~

부모 확인란

1. 나눗셈의 몫과 나머지를 구하시오.

(1) $43 \div 9 =$ 4 … 7
(2) $30 \div 9 =$ ___ … ___
(3) $25 \div 8 =$ ___ … ___
(4) $23 \div 5 =$ ___ … ___
(5) $34 \div 7 =$ ___ … ___
(6) $11 \div 9 =$ ___ … ___
(7) $40 \div 6 =$ ___ … ___
(8) $62 \div 7 =$ ___ … ___
(9) $60 \div 9 =$ ___ … ___
(10) $34 \div 9 =$ ___ … ___
(11) $39 \div 8 =$ ___ … ___
(12) $13 \div 8 =$ ___ … ___
(13) $22 \div 9 =$ ___ … ___
(14) $53 \div 7 =$ ___ … ___
(15) $51 \div 8 =$ ___ … ___
(16) $41 \div 9 =$ ___ … ___
(17) $22 \div 6 =$ ___ … ___
(18) $52 \div 6 =$ ___ … ___
(19) $80 \div 9 =$ ___ … ___
(20) $10 \div 8 =$ ___ … ___
(21) $50 \div 9 =$ ___ … ___
(22) $32 \div 6 =$ ___ … ___
(23) $60 \div 8 =$ ___ … ___
(24) $32 \div 9 =$ ___ … ___

2. 나눗셈의 몫과 나머지를 구하시오.

(1) $54 \div 8 =$ ___ … ___
(2) $62 \div 9 =$ ___ … ___
(3) $32 \div 9 =$ ___ … ___
(4) $30 \div 4 =$ ___ … ___
(5) $53 \div 8 =$ ___ … ___
(6) $19 \div 3 =$ ___ … ___
(7) $14 \div 9 =$ ___ … ___
(8) $61 \div 8 =$ ___ … ___
(9) $51 \div 6 =$ ___ … ___
(10) $20 \div 7 =$ ___ … ___
(11) $33 \div 7 =$ ___ … ___
(12) $21 \div 8 =$ ___ … ___
(13) $26 \div 9 =$ ___ … ___
(14) $18 \div 7 =$ ___ … ___
(15) $38 \div 4 =$ ___ … ___
(16) $49 \div 8 =$ ___ … ___
(17) $57 \div 9 =$ ___ … ___
(18) $23 \div 9 =$ ___ … ___
(19) $40 \div 7 =$ ___ … ___
(20) $26 \div 8 =$ ___ … ___
(21) $50 \div 7 =$ ___ … ___
(22) $11 \div 3 =$ ___ … ___
(23) $58 \div 8 =$ ___ … ___
(24) $70 \div 9 =$ ___ … ___

기본 나눗셈 3

몫 : 한 자리 수, 나머지 있음 (10)

월 일 이름

표준 완성 시간 5~6분

평가				
오답수	아주 잘함 : 0~3	잘함 : 4~6	보통 : 7~9	노력 바람 : 10~

부모 확인란

1. 나눗셈의 몫과 나머지를 구하시오.

(1) 40÷9= 4 ··· 4

(2) 14÷8= ___ ··· ___

(3) 24÷9= ___ ··· ___

(4) 41÷7= ___ ··· ___

(5) 20÷3= ___ ··· ___

(6) 37÷9= ___ ··· ___

(7) 52÷9= ___ ··· ___

(8) 13÷4= ___ ··· ___

(9) 10÷9= ___ ··· ___

(10) 21÷6= ___ ··· ___

(11) 13÷9= ___ ··· ___

(12) 30÷9= ___ ··· ___

(13) 22÷8= ___ ··· ___

(14) 25÷9= ___ ··· ___

(15) 33÷7= ___ ··· ___

(16) 54÷7= ___ ··· ___

(17) 23÷6= ___ ··· ___

(18) 44÷9= ___ ··· ___

(19) 12÷9= ___ ··· ___

(20) 31÷4= ___ ··· ___

(21) 55÷7= ___ ··· ___

(22) 61÷9= ___ ··· ___

(23) 50÷8= ___ ··· ___

(24) 53÷6= ___ ··· ___

2. 나눗셈의 몫과 나머지를 구하시오.

(1) 16÷9= ___ ··· ___

(2) 62÷8= ___ ··· ___

(3) 53÷8= ___ ··· ___

(4) 52÷6= ___ ··· ___

(5) 20÷9= ___ ··· ___

(6) 50÷9= ___ ··· ___

(7) 60÷7= ___ ··· ___

(8) 34÷8= ___ ··· ___

(9) 41÷6= ___ ··· ___

(10) 70÷8= ___ ··· ___

(11) 20÷8= ___ ··· ___

(12) 12÷7= ___ ··· ___

(13) 31÷7= ___ ··· ___

(14) 21÷9= ___ ··· ___

(15) 42÷9= ___ ··· ___

(16) 26÷3= ___ ··· ___

(17) 32÷7= ___ ··· ___

(18) 15÷9= ___ ··· ___

(19) 53÷9= ___ ··· ___

(20) 69÷7= ___ ··· ___

(21) 70÷9= ___ ··· ___

(22) 10÷6- ___ ··· ___

(23) 51÷7= ___ ··· ___

(24) 39÷5= ___ ··· ___

기본 나눗셈 3

몫 : 한 자리 수, 나머지 있음 (11)

월 일 이름

표준 완성 시간 5~6분

평가				
오답수	아주 잘함 : 0~3	잘함 : 4~6	보통 : 7~9	노력 바람 : 10~

부모 확인란

1. 나눗셈의 몫과 나머지를 구하시오.

(1) $11 \div 4 =$ ___ … ___

(2) $12 \div 8 =$ ___ … ___

(3) $41 \div 7 =$ ___ … ___

(4) $52 \div 8 =$ ___ … ___

(5) $14 \div 3 =$ ___ … ___

(6) $20 \div 7 =$ ___ … ___

(7) $21 \div 4 =$ ___ … ___

(8) $53 \div 9 =$ ___ … ___

(9) $24 \div 9 =$ ___ … ___

(10) $34 \div 7 =$ ___ … ___

(11) $11 \div 5 =$ ___ … ___

(12) $71 \div 8 =$ ___ … ___

(13) $70 \div 9 =$ ___ … ___

(14) $62 \div 9 =$ ___ … ___

(15) $21 \div 6 =$ ___ … ___

(16) $22 \div 6 =$ ___ … ___

(17) $41 \div 9 =$ ___ … ___

(18) $31 \div 8 =$ ___ … ___

(19) $44 \div 6 =$ ___ … ___

(20) $80 \div 9 =$ ___ … ___

(21) $63 \div 8 =$ ___ … ___

(22) $61 \div 7 =$ ___ … ___

(23) $52 \div 7 =$ ___ … ___

(24) $32 \div 9 =$ ___ … ___

2. 나눗셈의 몫과 나머지를 구하시오.

(1) $51 \div 6 =$ ___ … ___

(2) $54 \div 7 =$ ___ … ___

(3) $10 \div 4 =$ ___ … ___

(4) $42 \div 9 =$ ___ … ___

(5) $23 \div 8 =$ ___ … ___

(6) $71 \div 8 =$ ___ … ___

(7) $16 \div 3 =$ ___ … ___

(8) $77 \div 9 =$ ___ … ___

(9) $54 \div 8 =$ ___ … ___

(10) $53 \div 6 =$ ___ … ___

(11) $22 \div 9 =$ ___ … ___

(12) $33 \div 6 =$ ___ … ___

(13) $10 \div 6 =$ ___ … ___

(14) $21 \div 9 =$ ___ … ___

(15) $12 \div 9 =$ ___ … ___

(16) $31 \div 7 =$ ___ … ___

(17) $13 \div 7 =$ ___ … ___

(18) $14 \div 9 =$ ___ … ___

(19) $51 \div 8 =$ ___ … ___

(20) $30 \div 8 =$ ___ … ___

(21) $25 \div 9 =$ ___ … ___

(22) $40 \div 7 =$ ___ … ___

(23) $12 \div 7 =$ ___ … ___

(24) $16 \div 9 =$ ___ … ___

기본 나눗셈 3

몫 : 한 자리 수, 나머지 있음 (12)

월 일 이름

표준 완성 시간 5~6분

평가	😊	🙂	😐	😟
오답수	아주 잘함 : 0~3	잘함 : 4~6	보통 : 7~9	노력 바람 : 10~

부모 확인란

1. 나눗셈의 몫과 나머지를 구하시오.

(1) 27÷4= ___ … ___
(2) 20÷7= ___ … ___
(3) 15÷9= ___ … ___
(4) 46÷9= ___ … ___
(5) 54÷7= ___ … ___
(6) 41÷6= ___ … ___
(7) 30÷4= ___ … ___
(8) 23÷9= ___ … ___
(9) 53÷8= ___ … ___
(10) 30÷7= ___ … ___
(11) 52÷6= ___ … ___
(12) 50÷9= ___ … ___
(13) 40÷9= ___ … ___
(14) 33÷7= ___ … ___
(15) 22÷8= ___ … ___
(16) 11÷7= ___ … ___
(17) 32÷7= ___ … ___
(18) 42÷9= ___ … ___
(19) 20÷9= ___ … ___
(20) 60÷9= ___ … ___
(21) 21÷6= ___ … ___
(22) 54÷7= ___ … ___
(23) 50÷8= ___ … ___
(24) 29÷6= ___ … ___

2. 나눗셈의 몫과 나머지를 구하시오.

(1) 60÷7= ___ … ___
(2) 23÷6= ___ … ___
(3) 11÷9= ___ … ___
(4) 37÷8= ___ … ___
(5) 40÷7= ___ … ___
(6) 62÷9= ___ … ___
(7) 35÷9= ___ … ___
(8) 64÷7= ___ … ___
(9) 51÷7= ___ … ___
(10) 20÷8= ___ … ___
(11) 33÷9= ___ … ___
(12) 25÷9= ___ … ___
(13) 65÷9= ___ … ___
(14) 53÷7= ___ … ___
(15) 21÷6= ___ … ___
(16) 11÷8= ___ … ___
(17) 30÷9= ___ … ___
(18) 28÷9= ___ … ___
(19) 58÷8= ___ … ___
(20) 31÷4= ___ … ___
(21) 50÷6= ___ … ___
(22) 34÷9= ___ … ___
(23) 14÷9= ___ … ___
(24) 61÷8= ___ … ___

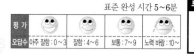

덧셈 복습 받아올림이 있는 (두 자리 수)+(두 자리 수) (1)

월 일 이름

표준 완성 시간 4~5분

평가				
오답수	아주 잘함 : 0~3	잘함 : 4~6	보통 : 7~9	노력 바람 : 10~

부모 확인란

1. 덧셈을 하시오.

(1) 15 + 36 = 51

(2) 19 + 13

(3) 46 + 14

(4) 38 + 23

(5) 47 + 45

(6) 37 + 27

(7) 53 + 28

(8) 47 + 34

(9) 45 + 16

(10) 28 + 53

(11) 16 + 57

(12) 49 + 23

(13) 55 + 35

(14) 43 + 39

(15) 39 + 32

(16) 48 + 22

(17) 68 + 14

(18) 27 + 25

(19) 18 + 55

(20) 64 + 26

2. 덧셈을 하시오.

(1) 24 + 48

(2) 28 + 26

(3) 29 + 27

(4) 18 + 36

(5) 53 + 37

(6) 69 + 18

(7) 49 + 14

(8) 35 + 17

(9) 47 + 25

(10) 19 + 73

(11) 13 + 38

(12) 48 + 13

(13) 38 + 54

(14) 49 + 22

(15) 16 + 36

(16) 29 + 36

(17) 35 + 49

(18) 58 + 33

(19) 29 + 61

(20) 17 + 65

덧셈 복습

받아올림이 있는
(두 자리 수)+(두 자리 수) (2)

월 일 이름

표준 완성 시간 4~5분

평가	아주 잘함	잘함	보통	노력 바람
오답수	0~3	4~6	7~9	10~

부모 확인란

1. 덧셈을 하시오.

(1) $78 + 14 = 92$

(2) $56 + 25$

(3) $38 + 43$

(4) $23 + 28$

(5) $43 + 37$

(6) $36 + 18$

(7) $58 + 34$

(8) $75 + 19$

(9) $16 + 29$

(10) $64 + 28$

(11) $59 + 23$

(12) $19 + 22$

(13) $76 + 17$

(14) $49 + 41$

(15) $26 + 47$

(16) $27 + 65$

(17) $18 + 35$

(18) $27 + 37$

(19) $37 + 45$

(20) $26 + 36$

2. 덧셈을 하시오.

(1) $18 + 65$

(2) $76 + 14$

(3) $25 + 27$

(4) $59 + 25$

(5) $69 + 29$

(6) $77 + 18$

(7) $38 + 24$

(8) $49 + 23$

(9) $19 + 12$

(10) $68 + 23$

(11) $49 + 13$

(12) $59 + 11$

(13) $67 + 16$

(14) $54 + 17$

(15) $28 + 38$

(16) $24 + 49$

(17) $15 + 45$

(18) $77 + 15$

(19) $49 + 13$

(20) $38 + 58$

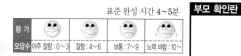

덧셈 복습

받아올림이 있는 (두 자리 수)+(두 자리 수) (3)

월 일 이름

표준 완성 시간 4~5분

평가				
오답수	아주 잘함 : 0~3	잘함 : 4~6	보통 : 7~9	노력 바람 : 10~

부모 확인란

1. 덧셈을 하시오.

(1) 22 + 49

(2) 35 + 15

(3) 47 + 29

(4) 57 + 23

(5) 34 + 38 = 72

(6) 28 + 54

(7) 56 + 24

(8) 59 + 35

(9) 38 + 13

(10) 25 + 27

(11) 54 + 37

(12) 31 + 49

(13) 28 + 69

(14) 66 + 25

(15) 74 + 19

(16) 18 + 48

(17) 45 + 17

(18) 15 + 68

(19) 16 + 26

(20) 33 + 49

2. 덧셈을 하시오.

(1) 32 + 39

(2) 28 + 13

(3) 75 + 17

(4) 18 + 49

(5) 69 + 21

(6) 27 + 43

(7) 19 + 46

(8) 33 + 47

(9) 64 + 28

(10) 79 + 17

(11) 24 + 49

(12) 46 + 16

(13) 68 + 22

(14) 46 + 36

(15) 25 + 38

(16) 39 + 52

(17) 48 + 48

(18) 52 + 19

(19) 34 + 49

(20) 56 + 27

47회 덧셈 복습

받아올림이 있는 (두 자리 수)+(두 자리 수) (4)

월 일 이름

표준 완성 시간 4~5분

평가				
오답수	아주 잘함 : 0~3	잘함 : 4~6	보통 : 7~9	노력 바람 : 10~

부모 확인란

1. 덧셈을 하시오.

(1) $24 + 17 = 41$

(2) $49 + 49$

(3) $59 + 31$

(4) $38 + 46$

(5) $43 + 18$

(6) $58 + 25$

(7) $29 + 23$

(8) $11 + 79$

(9) $38 + 33$

(10) $17 + 35$

(11) $45 + 35$

(12) $27 + 16$

(13) $48 + 28$

(14) $34 + 49$

(15) $21 + 59$

(16) $59 + 36$

(17) $37 + 26$

(18) $38 + 42$

(19) $16 + 56$

(20) $29 + 24$

2. 덧셈을 하시오.

(1) $43 + 17$

(2) $25 + 56$

(3) $38 + 54$

(4) $12 + 39$

(5) $19 + 21$

(6) $23 + 47$

(7) $47 + 35$

(8) $36 + 46$

(9) $49 + 23$

(10) $16 + 14$

(11) $44 + 18$

(12) $25 + 45$

(13) $17 + 36$

(14) $42 + 48$

(15) $75 + 17$

(16) $19 + 26$

(17) $39 + 34$

(18) $19 + 73$

(19) $33 + 28$

(20) $73 + 18$

덧셈 복습 받아올림이 있는 (두 자리 수)+(두 자리 수) (5)

월 일 이름

표준 완성 시간 4~5분

평가				
오답수	아주 잘함 : 0~3	잘함 : 4~6	보통 : 7~9	노력 바람 : 10~

부모 확인란

1. 덧셈을 하시오.

(1) 13 + 99 = 112
(2) 66 + 54
(3) 74 + 38
(4) 85 + 47
(5) 72 + 68
(6) 62 + 79
(7) 46 + 64
(8) 78 + 35
(9) 23 + 98
(10) 89 + 41
(11) 65 + 78
(12) 79 + 24
(13) 38 + 85
(14) 54 + 76
(15) 92 + 68
(16) 44 + 66
(17) 59 + 88
(18) 67 + 65
(19) 76 + 64
(20) 73 + 78

2. 덧셈을 하시오.

(1) 49 + 63
(2) 85 + 67
(3) 53 + 78
(4) 28 + 93
(5) 25 + 88
(6) 48 + 64
(7) 13 + 89
(8) 32 + 88
(9) 66 + 55
(10) 45 + 99
(11) 49 + 53
(12) 55 + 88
(13) 35 + 99
(14) 58 + 43
(15) 64 + 36
(16) 47 + 56
(17) 47 + 69
(18) 76 + 55
(19) 96 + 46
(20) 28 + 86

덧셈 복습

받아올림이 있는
(두 자리 수)+(두 자리 수) (6)

월 일 이름

표준 완성 시간 4~5분

평가				
오답수	아주 잘함 : 0~3	잘함 : 4~6	보통 : 7~9	노력 바람 : 10~

부모 확인란

1. 덧셈을 하시오.

(1) $36 + 87$
(2) $78 + 45$
(3) $54 + 88$
(4) $23 + 97$
(5) $74 + 69 = 143$
(6) $35 + 77$
(7) $47 + 93$
(8) $67 + 38$
(9) $77 + 25$
(10) $82 + 68$
(11) $24 + 88$
(12) $66 + 64$
(13) $29 + 97$
(14) $52 + 69$
(15) $15 + 95$
(16) $36 + 67$
(17) $53 + 97$
(18) $59 + 54$
(19) $85 + 45$
(20) $76 + 87$

2. 덧셈을 하시오.

(1) $86 + 58$
(2) $56 + 48$
(3) $99 + 38$
(4) $74 + 38$
(5) $62 + 79$
(6) $81 + 59$
(7) $97 + 93$
(8) $26 + 87$
(9) $87 + 34$
(10) $58 + 63$
(11) $83 + 28$
(12) $49 + 92$
(13) $19 + 91$
(14) $88 + 85$
(15) $81 + 39$
(16) $84 + 47$
(17) $57 + 74$
(18) $41 + 99$
(19) $96 + 24$
(20) $22 + 88$

50회 덧셈 복습

받아올림이 있는 (두 자리 수)+(두 자리 수) (7)

월 일 이름

표준 완성 시간 4~5분

평 가				
오답수	아주 잘함 : 0~3	잘함 : 4~6	보통 : 7~9	노력 바람 : 10~

부모 확인란

1. 덧셈을 하시오.

(1) $59 + 55 = 114$

(2) $87 + 56$

(3) $42 + 69$

(4) $76 + 37$

(5) $77 + 99$

(6) $78 + 45$

(7) $82 + 28$

(8) $69 + 66$

(9) $86 + 25$

(10) $61 + 59$

(11) $37 + 79$

(12) $56 + 88$

(13) $79 + 86$

(14) $88 + 22$

(15) $24 + 98$

(16) $43 + 67$

(17) $96 + 78$

(18) $65 + 58$

(19) $86 + 75$

(20) $67 + 63$

2. 덧셈을 하시오.

(1) $42 + 68$

(2) $97 + 35$

(3) $99 + 54$

(4) $94 + 28$

(5) $61 + 89$

(6) $85 + 76$

(7) $18 + 83$

(8) $94 + 68$

(9) $84 + 38$

(10) $28 + 95$

(11) $78 + 79$

(12) $33 + 89$

(13) $96 + 78$

(14) $87 + 65$

(15) $26 + 77$

(16) $63 + 79$

(17) $66 + 39$

(18) $63 + 49$

(19) $73 + 67$

(20) $52 + 69$

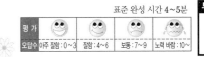

덧셈 복습

받아올림이 있는 (두 자리 수)+(두 자리 수) (8)

월 일 이름

표준 완성 시간 4~5분

평가				
오답수	아주 잘함 : 0~3	잘함 : 4~6	보통 : 7~9	노력 바람 : 10~

부모 확인란

1. 덧셈을 하시오.

(1) $46 + 87$	(2) $63 + 78$	(3) $28 + 96$	(4) $76 + 85$
(5) $39 + 95$	(6) $66 + 79$	(7) $47 + 86$	(8) $13 + 99$
(9) $75 + 67$	(10) $69 + 46$	(11) $88 + 78$	(12) $85 + 55$
(13) $81 + 29$	(14) $76 + 58$	(15) $83 + 79$	(16) $64 + 48$
(17) $56 + 66$	(18) $94 + 57$	(19) $58 + 59$	(20) $26 + 95$

2. 덧셈을 하시오.

(1) $25 + 77$	(2) $49 + 67$	(3) $68 + 75$	(4) $86 + 49$
(5) $83 + 87$	(6) $57 + 48$	(7) $79 + 76$	(8) $66 + 85$
(9) $72 + 69$	(10) $59 + 55$	(11) $76 + 47$	(12) $35 + 86$
(13) $65 + 96$	(14) $52 + 68$	(15) $67 + 69$	(16) $97 + 89$
(17) $36 + 75$	(18) $58 + 97$	(19) $98 + 48$	(20) $63 + 89$

월 일 이름

표준 완성 시간 5~6분

평가				
오답수	아주 잘함 : 0~2	잘함 : 3~5	보통 : 6~8	노력 바람 : 9~

부모 확인란

1. 덧셈을 하시오.

(1) $3958 + 68 = 4026$

(2) $2963 + 38$

(3) $886 + 319$

(4) $523 + 799$

(5) $1987 + 64$

(6) $977 + 38$

(7) $5968 + 42$

(8) $159 + 852$

(9) $954 + 46$

(10) $6971 + 49$

(11) $4926 + 95$

(12) $307 + 694$

(13) $6972 + 59$

(14) $363 + 649$

(15) $785 + 235$

2. 덧셈을 하시오.

(1) $8985 + 37$

(2) $989 + 47$

(3) $1568 + 438$

(4) $3958 + 25$

(5) $158 + 968$

(6) $879 + 165$

(7) $1968 + 52$

(8) $946 + 65$

(9) $1954 + 87$

(10) $437 + 685$

(11) $78 + 3952$

(12) $68 + 988$

(13) $83 + 927$

(14) $355 + 788$

(15) $4245 + 895$

드릴 맞춤 계산력 수학

53회 자리 수가 많은 덧셈

받아올림이 있는
네 자리 수까지의 덧셈 (2)

월 일 이름

표준 완성 시간 5~6분

평가	😊	🙂	😐	😟
오답수	아주 잘함 : 0~2	잘함 : 3~5	보통 : 6~8	노력 바람 : 9~

부모 확인란

1. 덧셈을 하시오.

(1) $3994 + 6$

(2) $1962 + 93$

(3) $128 + 975$

(4) $423 + 798$ (1221)

(5) $374 + 988$

(6) $824 + 798$

(7) $986 + 47$

(8) $648 + 858$

(9) $52 + 999$

(10) $959 + 142$

(11) $374 + 946$

(12) $333 + 777$

(13) $2983 + 37$

(14) $369 + 932$

(15) $757 + 585$

2. 덧셈을 하시오.

(1) $925 + 98$

(2) $5815 + 497$

(3) $208 + 993$

(4) $3991 + 19$

(5) $897 + 824$

(6) $2998 + 24$

(7) $877 + 135$

(8) $38 + 975$

(9) $677 + 434$

(10) $67 + 943$

(11) $759 + 482$

(12) $77 + 1997$

(13) $968 + 72$

(14) $495 + 569$

(15) $757 + 646$

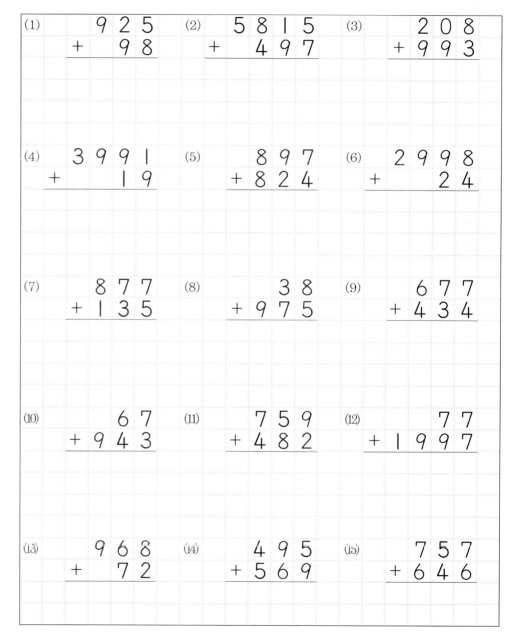

자리 수가 많은 덧셈

받아올림이 있는 네 자리 수까지의 덧셈 (3)

월 일 이름

표준 완성 시간 5~6분

평가				
오답수	아주 잘함 : 0~2	잘함 : 3~5	보통 : 6~8	노력 바람 : 9~

부모 확인란

1. 덧셈을 하시오.

(1) $4987 + 78$

(2) $1982 + 79$

(3) $938 + 264$

(4) $7918 + 94 = 8012$

(5) $3947 + 75$

(6) $1058 + 986$

(7) $445 + 866$

(8) $383 + 871$

(9) $5997 + 15$

(10) $1992 + 79$

(11) $876 + 937$

(12) $1985 + 29$

(13) $3989 + 81$

(14) $976 + 395$

(15) $2999 + 3$

2. 덧셈을 하시오.

(1) $98 + 925$

(2) $1938 + 62$

(3) $447 + 587$

(4) $3999 + 3$

(5) $967 + 64$

(6) $2958 + 83$

(7) $889 + 424$

(8) $797 + 364$

(9) $478 + 774$

(10) $3928 + 96$

(11) $56 + 8957$

(12) $256 + 977$

(13) $26 + 4987$

(14) $29 + 991$

(15) $83 + 2959$

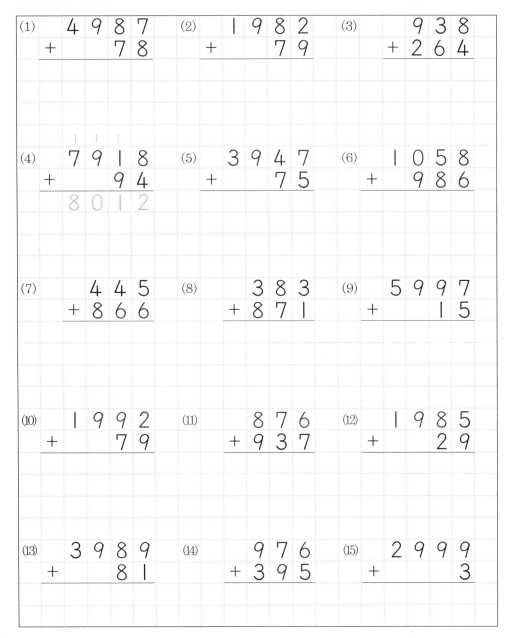

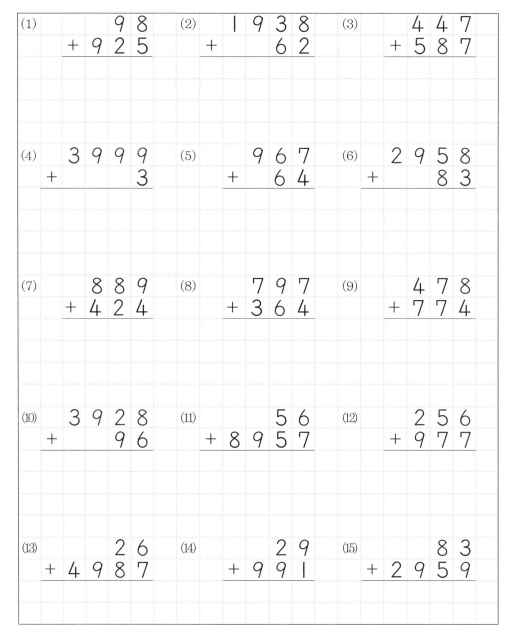

1. 덧셈을 하시오.

(1) $68 + 2984$

(2) $56 + 1987$

(3) $184 + 837$

(4) $2998 + 27$

(5) $935 + 277$

(6) $99 + 905$

(7) $87 + 988$

(8) $995 + 209$

(9) $43 + 958$

(10) $687 + 565$

(11) $92 + 2908$

(12) $548 + 756$

(13) $3994 + 9$

(14) $49 + 992$

(15) $5998 + 15$

2. 덧셈을 하시오.

(1) $78 + 963$

(2) $2995 + 8$

(3) $68 + 3958$

(4) $999 + 2$

(5) $1973 + 89$

(6) $465 + 858$

(7) $948 + 75$

(8) $3955 + 76$

(9) $985 + 69$

(10) $398 + 754$

(11) $39 + 2964$

(12) $286 + 777$

(13) $3998 + 42$

(14) $4969 + 41$

(15) $2978 + 55$

자리 수가 많은 덧셈

받아올림이 있는 네 자리 수까지의 덧셈 (5)

월 일 이름

표준 완성 시간 5~6분

평가				
오답수	아주 잘함 : 0~2	잘함 : 3~5	보통 : 6~8	노력 바람 : 9~

부모 확인란

1. 덧셈을 하시오.

(1) $949 + 54$

(2) $257 + 876$

(3) $1946 + 76$

(4) $1969 + 37$

(5) $3978 + 93$

(6) $926 + 85$

(7) $939 + 871$

(8) $1964 + 258$

(9) $902 + 98$

(10) $1997 + 14$

(11) $965 + 98$

(12) $5997 + 6$

(13) $968 + 35$

(14) $6946 + 65$

(15) $1988 + 33$

2. 덧셈을 하시오.

(1) $3958 + 79$

(2) $526 + 676$

(3) $2659 + 354$

(4) $985 + 58$

(5) $84 + 1968$

(6) $584 + 496$

(7) $947 + 75$

(8) $945 + 95$

(9) $1987 + 47$

(10) $867 + 175$

(11) $196 + 926$

(12) $2556 + 648$

(13) $903 + 98$

(14) $66 + 957$

(15) $543 + 678$

받아올림이 있는 네 자리 수까지의 덧셈 (6)

월 일 이름

표준 완성 시간 5~6분

평가				
오답수	아주 잘함 : 0~2	잘함 : 3~5	보통 : 6~8	노력 바람 : 9~

부모 확인란

1. 덧셈을 하시오.

(1) $785 + 459$

(2) $8 + 995$

(3) $3936 + 76$

(4) $974 + 56$

(5) $3985 + 35$

(6) $795 + 326$

(7) $2978 + 29$

(8) $929 + 296$

(9) $689 + 485$

(10) $2988 + 44$

(11) $947 + 75$

(12) $1986 + 36$

(13) $969 + 32$

(14) $558 + 494$

(15) $99 + 5923$

2. 덧셈을 하시오.

(1) $774 + 299$

(2) $935 + 86$

(3) $1938 + 92$

(4) $2998 + 84$

(5) $768 + 365$

(6) $956 + 55$

(7) $683 + 449$

(8) $1955 + 68$

(9) $5925 + 78$

(10) $985 + 29$

(11) $978 + 73$

(12) $927 + 185$

(13) $4999 + 7$

(14) $486 + 817$

(15) $1997 + 34$

뺄셈 복습

받아내림이 있는 (두 자리 수)−(두 자리 수) (1)

월 일 이름

표준 완성 시간 4~5분

평가				
오답수	아주 잘함 : 0~3	잘함 : 4~6	보통 : 7~9	노력 바람 : 10~

부모 확인란

1. 뺄셈을 하시오.

(1) 60 − 24 (5, 10 → 36)

(2) 61 − 14

(3) 73 − 35

(4) 40 − 23

(5) 76 − 29

(6) 82 − 16

(7) 51 − 28

(8) 63 − 46

(9) 45 − 16

(10) 92 − 43

(11) 85 − 47

(12) 76 − 28

(13) 91 − 29

(14) 74 − 55

(15) 31 − 15

(16) 83 − 14

(17) 41 − 22

(18) 50 − 14

(19) 72 − 27

(20) 60 − 26

2. 뺄셈을 하시오.

(1) 50 − 22

(2) 54 − 16

(3) 30 − 17

(4) 54 − 38

(5) 52 − 16

(6) 57 − 39

(7) 62 − 14

(8) 80 − 53

(9) 71 − 13

(10) 90 − 51

(11) 64 − 35

(12) 82 − 13

(13) 82 − 64

(14) 74 − 38

(15) 91 − 63

(16) 85 − 57

(17) 60 − 13

(18) 84 − 66

(19) 62 − 26

(20) 81 − 33

59회 뺄셈 복습

받아내림이 있는
(두 자리 수)−(두 자리 수) (2)

월 일 이름

표준 완성 시간 4~5분

평가				
오답수	아주 잘함 : 0~3	잘함 : 4~6	보통 : 7~9	노력 바람 : 10~

부모 확인란

1. 뺄셈을 하시오.

(1) 93 − 25
(2) 62 − 15
(3) 70 − 41
(4) 51 − 22
(5) 82 − 49 (7 10, 33)
(6) 42 − 18
(7) 53 − 34
(8) 95 − 47
(9) 54 − 28
(10) 93 − 29
(11) 70 − 15
(12) 40 − 16
(13) 60 − 33
(14) 81 − 34
(15) 54 − 25
(16) 72 − 45
(17) 62 − 26
(18) 85 − 37
(19) 91 − 37
(20) 74 − 35

2. 뺄셈을 하시오.

(1) 82 − 18
(2) 94 − 76
(3) 80 − 11
(4) 78 − 59
(5) 84 − 29
(6) 62 − 37
(7) 93 − 24
(8) 32 − 14
(9) 95 − 18
(10) 51 − 33
(11) 92 − 13
(12) 71 − 25
(13) 62 − 48
(14) 91 − 14
(15) 85 − 58
(16) 74 − 47
(17) 65 − 46
(18) 51 − 24
(19) 90 − 57
(20) 97 − 39

월 일 이름

표준 완성 시간 4~5분

평가				
오답수	아주 잘함 : 0~3	잘함 : 4~6	보통 : 7~9	노력 바람 : 10~

부모 확인란

1. 뺄셈을 하시오.

(1) $72 - 28$
(2) $80 - 59$
(3) $94 - 15$
(4) $80 - 43$
(5) $80 - 46 = 34$ (받아내림: 7, 10)
(6) $90 - 17$
(7) $80 - 36$
(8) $87 - 28$
(9) $92 - 37$
(10) $41 - 13$
(11) $81 - 32$
(12) $50 - 12$
(13) $64 - 27$
(14) $70 - 23$
(15) $83 - 35$
(16) $95 - 46$
(17) $90 - 56$
(18) $93 - 49$
(19) $82 - 28$
(20) $62 - 25$

2. 뺄셈을 하시오.

(1) $72 - 35$
(2) $62 - 26$
(3) $84 - 18$
(4) $90 - 68$
(5) $86 - 59$
(6) $51 - 25$
(7) $73 - 46$
(8) $70 - 47$
(9) $80 - 28$
(10) $52 - 24$
(11) $76 - 38$
(12) $41 - 12$
(13) $68 - 29$
(14) $82 - 46$
(15) $74 - 36$
(16) $61 - 12$
(17) $70 - 49$
(18) $65 - 19$
(19) $85 - 38$
(20) $91 - 29$

61회 뺄셈 복습

받아내림이 있는 (두 자리 수)−(두 자리 수) (4)

월 일 이름

표준 완성 시간 4~5분

평가				
오답수	아주 잘함 : 0~3	잘함 : 4~6	보통 : 7~9	노력 바람 : 10~

부모 확인란

1. 뺄셈을 하시오.

(1) $46 - 18$
(2) $61 - 15$
(3) $91 - 26$
(4) $73 - 14$
(5) $81 - 35$
(6) $52 - 29$
(7) $82 - 54$
(8) $63 - 14$
(9) $91 - 48$
(10) $76 - 28$
(11) $82 - 23$
(12) $66 - 37$
(13) $62 - 29$
(14) $84 - 15$
(15) $80 - 12$
(16) $90 - 46$
(17) $81 - 54$
(18) $90 - 17$
(19) $73 - 47$
(20) $95 - 18$

2. 뺄셈을 하시오.

(1) $81 - 34$
(2) $62 - 35$
(3) $91 - 23$
(4) $54 - 35$
(5) $80 - 29$
(6) $43 - 16 = 27$ (3, 10)
(7) $72 - 29$
(8) $93 - 46$
(9) $81 - 32$
(10) $60 - 11$
(11) $72 - 16$
(12) $51 - 26$
(13) $70 - 21$
(14) $90 - 38$
(15) $62 - 18$
(16) $76 - 38$
(17) $63 - 34$
(18) $85 - 49$
(19) $57 - 19$
(20) $61 - 24$

드릴 만점 계산력 수학 62회

뺄셈 복습

받아내림이 있는 (세 자리 수)−(두 자리 수) (1)

월 일 이름

표준 완성 시간 5~6분

평가				
오답수	아주 잘함 : 0~2	잘함 : 3~5	보통 : 6~8	노력 바람 : 9~

부모 확인란

1. 뺄셈을 하시오.

(1) $\begin{array}{r} \overset{0}{1}\,\overset{10}{1}\,\overset{10}{0} \\ -\ \ 38 \\ \hline 72 \end{array}$

(2) $\begin{array}{r} 121 \\ -\ \ 54 \\ \hline \end{array}$

(3) $\begin{array}{r} 101 \\ -\ \ 25 \\ \hline \end{array}$

(4) $\begin{array}{r} 140 \\ -\ \ 69 \\ \hline \end{array}$

(5) $\begin{array}{r} 100 \\ -\ \ 59 \\ \hline \end{array}$

(6) $\begin{array}{r} 134 \\ -\ \ 45 \\ \hline \end{array}$

(7) $\begin{array}{r} 114 \\ -\ \ 88 \\ \hline \end{array}$

(8) $\begin{array}{r} 120 \\ -\ \ 89 \\ \hline \end{array}$

(9) $\begin{array}{r} 170 \\ -\ \ 78 \\ \hline \end{array}$

(10) $\begin{array}{r} 163 \\ -\ \ 95 \\ \hline \end{array}$

(11) $\begin{array}{r} 125 \\ -\ \ 76 \\ \hline \end{array}$

(12) $\begin{array}{r} 113 \\ -\ \ 46 \\ \hline \end{array}$

(13) $\begin{array}{r} 151 \\ -\ \ 77 \\ \hline \end{array}$

(14) $\begin{array}{r} 102 \\ -\ \ 55 \\ \hline \end{array}$

(15) $\begin{array}{r} 140 \\ -\ \ 64 \\ \hline \end{array}$

2. 뺄셈을 하시오.

(1) $\begin{array}{r} 132 \\ -\ \ 73 \\ \hline \end{array}$

(2) $\begin{array}{r} 162 \\ -\ \ 85 \\ \hline \end{array}$

(3) $\begin{array}{r} 116 \\ -\ \ 58 \\ \hline \end{array}$

(4) $\begin{array}{r} 103 \\ -\ \ 88 \\ \hline \end{array}$

(5) $\begin{array}{r} 123 \\ -\ \ 64 \\ \hline \end{array}$

(6) $\begin{array}{r} 147 \\ -\ \ 89 \\ \hline \end{array}$

(7) $\begin{array}{r} 122 \\ -\ \ 55 \\ \hline \end{array}$

(8) $\begin{array}{r} 124 \\ -\ \ 45 \\ \hline \end{array}$

(9) $\begin{array}{r} 141 \\ -\ \ 49 \\ \hline \end{array}$

(10) $\begin{array}{r} 152 \\ -\ \ 99 \\ \hline \end{array}$

(11) $\begin{array}{r} 100 \\ -\ \ 43 \\ \hline \end{array}$

(12) $\begin{array}{r} 107 \\ -\ \ 39 \\ \hline \end{array}$

(13) $\begin{array}{r} 130 \\ -\ \ 57 \\ \hline \end{array}$

(14) $\begin{array}{r} 105 \\ -\ \ 67 \\ \hline \end{array}$

(15) $\begin{array}{r} 143 \\ -\ \ 97 \\ \hline \end{array}$

뺄셈 복습

받아내림이 있는 (세 자리 수)−(두 자리 수) (2)

월 일 이름

표준 완성 시간 5~6분

평가				
오답수	아주 잘함 : 0~2	잘함 : 3~5	보통 : 6~8	노력 바람 : 9~

부모 확인란

1. 뺄셈을 하시오.

(1) $141 - 59$

(2) $146 - 88$

(3) $133 - 35$

(4) $136 - 79$

(5) $103 - 77$

(6) $151 - 68$

(7) $123 - 59$

(8) $130 - 56$

(9) $114 - 87$

(10) $110 - 29$

(11) $128 - 89$

(12) $110 - 75$

(13) $111 - 59$

(14) $125 - 36$

(15) $110 - 35$

2. 뺄셈을 하시오.

(1) $132 - 58$

(2) $150 - 41$

(3) $105 - 28$

(4) $127 - 39$ (0 11 10) = 88

(5) $106 - 59$

(6) $142 - 49$

(7) $134 - 36$

(8) $140 - 75$

(9) $113 - 67$

(10) $110 - 24$

(11) $153 - 78$

(12) $110 - 92$

(13) $120 - 83$

(14) $150 - 69$

(15) $144 - 55$

뺄셈 복습

받아내림이 있는 (세 자리 수)−(두 자리 수) (3)

월 일 이름

표준 완성 시간 5~6분

평가				
오답수	아주 잘함 : 0~2	잘함 : 3~5	보통 : 6~8	노력 바람 : 9~

부모 확인란

1. 뺄셈을 하시오.

(1) $104 - 48$

(2) $124 - 35$

(3) $140 - 69$

(4) $168 - 79$

(5) $131 - 78$

(6) $110 - 67$

(7) $130 - 96$

(8) $160 - 79$

(9) $175 - 79$

(10) $132 - 67$

(11) $113 - 88$

(12) $121 - 48$

(13) $174 - 75$

(14) $121 - 57$

(15) $110 - 46$

2. 뺄셈을 하시오.

(1) $102 - 83$

(2) $162 - 64$

(3) $113 - 26$

(4) $108 - 89$

(5) $111 - 59$

(6) $120 - 84$

(7) $104 - 69$

(8) $146 - 78$

(9) $153 - 89$

(10) $136 - 49$

(11) $130 - 67$

(12) $106 - 37$

(13) $136 - 97$

(14) $122 - 48$

(15) $145 - 76$

빼셈 복습

받아내림이 있는 (세 자리 수)−(두 자리 수) (4)

월 일 이름

표준 완성 시간 5~6분

평가				
오답수	아주 잘함 : 0~2	잘함 : 3~5	보통 : 6~8	노력 바람 : 9~

부모 확인란

1. 뺄셈을 하시오.

(1) 103 − 88

(2) 160 − 78

(3) 152 − 69

(4) 120 − 39

(5) 150 − 79

(6) 130 − 96

(7) 105 − 57

(8) 111 − 46

(9) 124 − 78

(10) 134 − 39

(11) 130 − 76

(12) 100 − 59

(13) 151 − 78

(14) 144 − 79

(15) 161 − 87

2. 뺄셈을 하시오.

(1) 120 − 73

(2) 166 − 87

(3) 132 − 76

(4) 130 − 88

(5) 110 − 24

(6) 112 − 26

(7) 101 − 34

(8) 157 − 99

(9) 140 − 94

(10) 142 − 98

(11) 105 − 49

(12) 106 − 67

(13) 145 − 89

(14) 111 − 23

(15) 127 − 48

자리 수가 많은 뺄셈

받아내림이 있는 네 자리 수까지의 뺄셈 (1)

월 일 이름

표준 완성 시간 5~6분

평가				
오답수	아주 잘함 : 0~2	잘함 : 3~5	보통 : 6~8	노력 바람 : 9~

부모 확인란

1. 뺄셈을 하시오.

(1) $2000 - 354$ (받아내림: 1 9 9 10) = 1646

(2) $1000 - 563$

(3) $1300 - 724$

(4) $1205 - 659$

(5) $3000 - 361$

(6) $1040 - 77$

(7) $1010 - 42$

(8) $1150 - 888$

(9) $1000 - 81$

(10) $2000 - 276$

(11) $4000 - 65$

(12) $5000 - 745$

(13) $6000 - 18$

(14) $1500 - 647$

(15) $1030 - 578$

2. 뺄셈을 하시오.

(1) $2005 - 98$

(2) $1304 - 56$

(3) $2021 - 174$

(4) $1200 - 415$

(5) $4026 - 199$

(6) $1102 - 788$

(7) $2010 - 735$

(8) $3024 - 245$

(9) $2020 - 35$

(10) $1001 - 6$

(11) $5036 - 3992$

(12) $3004 - 1427$

(13) $1001 - 855$

(14) $1043 - 568$

(15) $6158 - 479$

자리 수가 많은 뺄셈

받아내림이 있는 네 자리 수까지의 뺄셈 (2)

월 일 이름

표준 완성 시간 5~6분

평가				
오답수	아주 잘함 : 0~2	잘함 : 3~5	보통 : 6~8	노력 바람 : 9~

부모 확인란

1. 뺄셈을 하시오.

(1) 7000 − 511

(2) 1000 − 93

(3) 1110 − 777

(4) 1221 − 732 = 489 (받아내림: 0 11 11 10)

(5) 3040 − 826

(6) 1100 − 816

(7) 1110 − 279

(8) 1504 − 857

(9) 1000 − 337

(10) 1200 − 959

(11) 1223 − 366

(12) 2015 − 1368

(13) 2081 − 93

(14) 1320 − 823

(15) 1121 − 557

2. 뺄셈을 하시오.

(1) 1050 − 165

(2) 3010 − 98

(3) 1100 − 272

(4) 1000 − 9

(5) 1303 − 404

(6) 2153 − 366

(7) 2010 − 1383

(8) 1033 − 475

(9) 1512 − 827

(10) 1000 − 928

(11) 1418 − 781

(12) 3255 − 1997

(13) 1000 − 58

(14) 3018 − 2359

(15) 1240 − 491

자리 수가 많은 뺄셈

받아내림이 있는 네 자리 수까지의 뺄셈 (3)

월 일 이름

표준 완성 시간 5~6분

평가				
오답수	아주 잘함 : 0~2	잘함 : 3~5	보통 : 6~8	노력 바람 : 9~

부모 확인란

1. 뺄셈을 하시오.

(1) $1090 - 99$

(2) $1000 - 654$ (받아내림: 0 9 9 10) $= 346$

(3) $1370 - 795$

(4) $4037 - 79$

(5) $1042 - 67$

(6) $2012 - 937$

(7) $4070 - 188$

(8) $1065 - 871$

(9) $2003 - 15$

(10) $1200 - 555$

(11) $5320 - 935$

(12) $3021 - 49$

(13) $2103 - 1648$

(14) $1112 - 975$

(15) $2001 - 3$

2. 뺄셈을 하시오.

(1) $1002 - 815$

(2) $1740 - 952$

(3) $1452 - 886$

(4) $2200 - 1307$

(5) $1130 - 186$

(6) $3005 - 16$

(7) $1392 - 698$

(8) $3044 - 1798$

(9) $1080 - 399$

(10) $5004 - 16$

(11) $3000 - 2863$

(12) $1326 - 977$

(13) $3033 - 2958$

(14) $1010 - 427$

(15) $4150 - 2959$

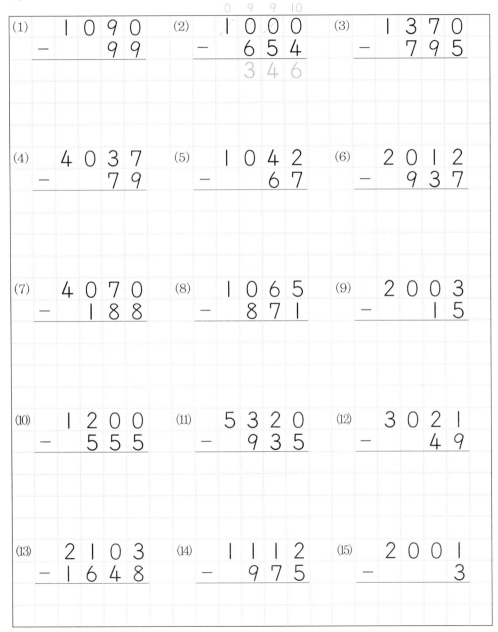

자리 수가 많은 뺄셈

받아내림이 있는 네 자리 수까지의 뺄셈 (4)

월 일 이름

표준 완성 시간 5~6분

평가				
오답수	아주 잘함 : 0~2	잘함 : 3~5	보통 : 6~8	노력 바람 : 9~

부모 확인란

1. 뺄셈을 하시오.

(1) 4072 − 596

(2) 2030 − 45

(3) 1244 − 658

(4) 1133 − 496

(5) 4010 − 63

(6) 4013 − 28

(7) 1152 − 754

(8) 2002 − 1987

(9) 3371 − 985

(10) 1252 − 85

(11) 3030 − 447

(12) 2013 − 25

(13) 1042 − 175

(14) 1018 − 276

(15) 2024 − 1527

2. 뺄셈을 하시오.

(1) 1014 − 65

(2) 3005 − 89

(3) 1031 − 755

(4) 1920 − 941 (받아내림: 0 18 11 10) = 979

(5) 2042 − 77

(6) 2000 − 1351

(7) 1011 − 14

(8) 1208 − 89

(9) 3315 − 48

(10) 1000 − 305

(11) 3157 − 1289

(12) 2055 − 778

(13) 2463 − 59

(14) 1005 − 528

(15) 3040 − 183

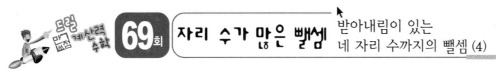

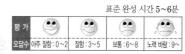

드릴 만점 계산력 수학 70회 자리 수가 많은 뺄셈 받아내림이 있는 네 자리 수까지의 뺄셈 (5) 월 일 이름

1. 뺄셈을 하시오.

(1) $1244 - 957$

(2) $4045 - 97$

(3) $1033 - 68$

(4) $1000 - 136$

(5) $1020 - 85$

(6) $2073 - 87$

(7) $3181 - 2297$

(8) $1082 - 586$

(9) $3013 - 48$

(10) $1012 - 73$

(11) $3410 - 1721$

(12) $1112 - 574$

(13) $1062 - 75$

(14) $1312 - 449$

(15) $2015 - 338$

2. 뺄셈을 하시오.

(1) $1247 - 469$

(2) $3022 - 36$

(3) $2055 - 857$

(4) $1236 - 88$

(5) $1011 - 258$

(6) $1021 - 485$

(7) $1705 - 917$

(8) $4070 - 93$

(9) $2005 - 1219$

(10) $1003 - 24$

(11) $1443 - 558$

(12) $1040 - 99$

(13) $2523 - 795$

(14) $1330 - 53$

(15) $3011 - 32$

받아내림이 있는
네 자리 수까지의 뺄셈 (6)

월 일 이름

표준 완성 시간 5~6분

평가				
오답수	아주 잘함 : 0~2	잘함 : 3~5	보통 : 6~8	노력 바람 : 9~

부모 확인란

1. 뺄셈을 하시오.

(1) $3514 - 526$

(2) $1142 - 768$

(3) $3052 - 97$

(4) $1043 - 449$

(5) $2078 - 689$

(6) $4211 - 25$

(7) $1003 - 74$

(8) $2725 - 1847$

(9) $2000 - 73$

(10) $1000 - 93$

(11) $1262 - 486$

(12) $2022 - 59$

(13) $1020 - 35$

(14) $4001 - 259$

(15) $2000 - 54$

2. 뺄셈을 하시오.

(1) $2024 - 98$

(2) $1203 - 48$

(3) $4093 - 198$

(4) $1055 - 77$

(5) $3000 - 294$

(6) $1223 - 356$

(7) $5025 - 87$

(8) $2001 - 35$

(9) $1135 - 79$

(10) $5372 - 2586$

(11) $1401 - 487$

(12) $1041 - 72$

(13) $2002 - 1045$

(14) $1045 - 87$

(15) $3082 - 284$

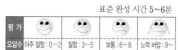

1. 곱셈을 하시오.

(1) 32×2 = 64

(2) 24×2

(3) 13×3

(4) 27×1

(5) 10×4

(6) 21×3

(7) 52×1

(8) 31×3

(9) 16×1

(10) 20×4

(11) 85×1

(12) 32×2

(13) 12×3

(14) 22×2

(15) 60×1

2. 곱셈을 하시오.

(1) 31×3

(2) 14×2

(3) 23×3

(4) 41×2

(5) 20×3

(6) 42×2

(7) 40×2

(8) 30×2

(9) 11×9

(10) 88×1

(11) 11×6

(12) 45×1

(13) 12×2

(14) 90×1

(15) 30×3

월 일 이름

표준 완성 시간 4~5분

평가				
오답수	아주 잘함 : 0~2	잘함 : 3~5	보통 : 6~8	노력 바람 : 9~

부모 확인란

1. 곱셈을 하시오.

(1) $42 \times 3 = 126$

(2) 82×4

(3) 30×5

(4) 63×3

(5) 74×2

(6) 50×6

(7) $24 \times 3 = 72$ (carry 1)

(8) 46×2

(9) 15×5

(10) 64×5

(11) 28×9

(12) 72×5

(13) 47×6

(14) 58×7

(15) 35×8

2. 곱셈을 하시오.

(1) 31×6

(2) 52×3

(3) 74×2

(4) 48×2

(5) 29×3

(6) 18×5

(7) 57×4

(8) 66×9

(9) 94×3

(10) 89×8

(11) 77×4

(12) 45×7

(13) 99×2

(14) 82×5

(15) 64×6

곱셈 1

올림이 있는
(세 자리 수)×(한 자리 수) (1)

월 일 이름

표준 완성 시간 4~5분

평가				
오답수	아주 잘함 : 0~2	잘함 : 3~5	보통 : 6~8	노력 바람 : 9~

부모 확인란

1. 곱셈을 하시오.

(1) $\begin{array}{r} 131 \\ \times\ \ \ 3 \\ \hline 393 \end{array}$ (2) $\begin{array}{r} 321 \\ \times\ \ \ 3 \\ \hline \end{array}$ (3) $\begin{array}{r} 234 \\ \times\ \ \ 2 \\ \hline \end{array}$

(4) $\begin{array}{r} 214 \\ \times\ \ \ 2 \\ \hline \end{array}$ (5) $\begin{array}{r} 210 \\ \times\ \ \ 4 \\ \hline \end{array}$ (6) $\begin{array}{r} 341 \\ \times\ \ \ 2 \\ \hline \end{array}$

(7) $\begin{array}{r} 202 \\ \times\ \ \ 3 \\ \hline \end{array}$ (8) $\begin{array}{r} 312 \\ \times\ \ \ 2 \\ \hline \end{array}$ (9) $\begin{array}{r} 101 \\ \times\ \ \ 8 \\ \hline \end{array}$

(10) $\begin{array}{r} 123 \\ \times\ \ \ 3 \\ \hline \end{array}$ (11) $\begin{array}{r} 111 \\ \times\ \ \ 6 \\ \hline \end{array}$ (12) $\begin{array}{r} 423 \\ \times\ \ \ 2 \\ \hline \end{array}$

(13) $\begin{array}{r} 114 \\ \times\ \ \ 2 \\ \hline \end{array}$ (14) $\begin{array}{r} 847 \\ \times\ \ \ 1 \\ \hline \end{array}$ (15) $\begin{array}{r} 323 \\ \times\ \ \ 2 \\ \hline \end{array}$

2. 곱셈을 하시오.

(1) $\begin{array}{r} 114 \\ \times\ \ \ 7 \\ \hline \end{array}$ (2) $\begin{array}{r} 325 \\ \times\ \ \ 3 \\ \hline \end{array}$ (3) $\begin{array}{r} 226 \\ \times\ \ \ 3 \\ \hline \end{array}$

(4) $\begin{array}{r} 436 \\ \times\ \ \ 2 \\ \hline \end{array}$ (5) $\begin{array}{r} 131 \\ \times\ \ \ 6 \\ \hline \end{array}$ (6) $\begin{array}{r} 102 \\ \times\ \ \ 9 \\ \hline \end{array}$

(7) $\begin{array}{r} 206 \\ \times\ \ \ 3 \\ \hline \end{array}$ (8) $\begin{array}{r} 142 \\ \times\ \ \ 4 \\ \hline \end{array}$ (9) $\begin{array}{r} 317 \\ \times\ \ \ 4 \\ \hline \end{array}$

(10) $\begin{array}{r} 511 \\ \times\ \ \ 5 \\ \hline \end{array}$ (11) $\begin{array}{r} 463 \\ \times\ \ \ 2 \\ \hline \end{array}$ (12) $\begin{array}{r} 211 \\ \times\ \ \ 6 \\ \hline \end{array}$

(13) $\begin{array}{r} 322 \\ \times\ \ \ 4 \\ \hline \end{array}$ (14) $\begin{array}{r} 608 \\ \times\ \ \ 7 \\ \hline \end{array}$ (15) $\begin{array}{r} 708 \\ \times\ \ \ 9 \\ \hline \end{array}$

월 일 이름

표준 완성 시간 4~5분

평가				
오답수	아주 잘함 : 0~2	잘함 : 3~5	보통 : 6~8	노력 바람 : 9~

부모 확인란

1. 곱셈을 하시오.

(1) 258 × 4 = 1032

(2) 678 × 2

(3) 464 × 4

(4) 585 × 5

(5) 824 × 8

(6) 756 × 4

(7) 327 × 5

(8) 745 × 5

(9) 428 × 7

(10) 539 × 6

(11) 352 × 7

(12) 239 × 5

(13) 343 × 8

(14) 736 × 4

(15) 943 × 8

2. 곱셈을 하시오.

(1) 896 × 2

(2) 527 × 5

(3) 324 × 9

(4) 789 × 6

(5) 454 × 7

(6) 694 × 3

(7) 583 × 4

(8) 365 × 6

(9) 956 × 3

(10) 476 × 5

(11) 359 × 4

(12) 278 × 8

(13) 699 × 3

(14) 274 × 8

(15) 967 × 8

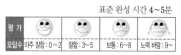

76회 곱셈 2

올림이 있는
(두 자리 수)×(두 자리 수) (1)

월 일 이름

표준 완성 시간 5~6분

평가				
오답수	아주 잘함 : 0~2	잘함 : 3~5	보통 : 6~8	노력 바람 : 9~

부모 확인란

1. 곱셈을 하시오.

(1) $\begin{array}{r} 98 \\ \times\ 31 \\ \hline 98 \\ 294\ \ \\ \hline 3038 \end{array}$

(2) $\begin{array}{r} 77 \\ \times\ 23 \\ \hline \end{array}$

(3) $\begin{array}{r} 82 \\ \times\ 27 \\ \hline \end{array}$

(4) $\begin{array}{r} 79 \\ \times\ 47 \\ \hline \end{array}$

(5) $\begin{array}{r} 34 \\ \times\ 38 \\ \hline \end{array}$

(6) $\begin{array}{r} 56 \\ \times\ 42 \\ \hline \end{array}$

(7) $\begin{array}{r} 43 \\ \times\ 64 \\ \hline \end{array}$

(8) $\begin{array}{r} 25 \\ \times\ 59 \\ \hline \end{array}$

(9) $\begin{array}{r} 85 \\ \times\ 32 \\ \hline \end{array}$

(10) $\begin{array}{r} 32 \\ \times\ 65 \\ \hline \end{array}$

(11) $\begin{array}{r} 45 \\ \times\ 84 \\ \hline \end{array}$

(12) $\begin{array}{r} 78 \\ \times\ 34 \\ \hline \end{array}$

2. 곱셈을 하시오.

(1) $\begin{array}{r} 35 \\ \times\ 25 \\ \hline \end{array}$

(2) $\begin{array}{r} 28 \\ \times\ 53 \\ \hline \end{array}$

(3) $\begin{array}{r} 63 \\ \times\ 47 \\ \hline \end{array}$

(4) $\begin{array}{r} 46 \\ \times\ 42 \\ \hline \end{array}$

(5) $\begin{array}{r} 58 \\ \times\ 24 \\ \hline \end{array}$

(6) $\begin{array}{r} 87 \\ \times\ 33 \\ \hline \end{array}$

(7) $\begin{array}{r} 76 \\ \times\ 52 \\ \hline \end{array}$

(8) $\begin{array}{r} 96 \\ \times\ 26 \\ \hline \end{array}$

(9) $\begin{array}{r} 39 \\ \times\ 43 \\ \hline \end{array}$

(10) $\begin{array}{r} 96 \\ \times\ 15 \\ \hline \end{array}$

(11) $\begin{array}{r} 63 \\ \times\ 39 \\ \hline \end{array}$

(12) $\begin{array}{r} 84 \\ \times\ 45 \\ \hline \end{array}$

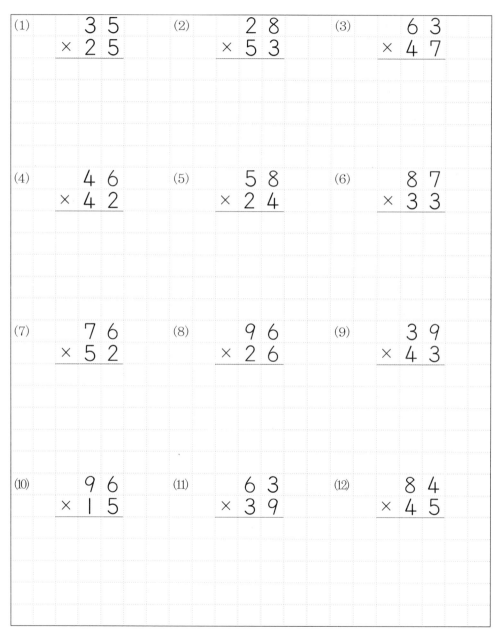

77회 **곱셈 2**　올림이 있는 (두 자리 수)×(두 자리 수) (2)

 월 일 이름

표준 완성 시간 5~6분　부모 확인란

평가	☺	☺	☹	☹
오답수	아주 잘함 : 0~2	잘함 : 3~5	보통 : 6~8	노력 바람 : 9~

1. 곱셈을 하시오.

(1)
```
    5 1
  ×  4 6
  ─────
    3 0 6
  2 0 4
  ─────
  2 3 4 6
```

(2)
```
    6 6
  ×  9 3
```

(3)
```
    4 7
  ×  3 4
```

(4)
```
    5 9
  ×  3 6
```

(5)
```
    6 4
  ×  5 4
```

(6)
```
    9 6
  ×  3 2
```

(7)
```
    3 7
  ×  6 4
```

(8)
```
    8 4
  ×  9 4
```

(9)
```
    8 7
  ×  4 4
```

(10)
```
    6 9
  ×  4 3
```

(11)
```
    5 8
  ×  8 2
```

(12)
```
    7 2
  ×  2 8
```

2. 곱셈을 하시오.

(1)
```
    9 1
  ×  4 6
```

(2)
```
    4 9
  ×  3 2
```

(3)
```
    8 3
  ×  7 6
```

(4)
```
    9 2
  ×  2 4
```

(5)
```
    5 6
  ×  5 7
```

(6)
```
    7 1
  ×  6 8
```

(7)
```
    2 8
  ×  5 3
```

(8)
```
    5 3
  ×  2 5
```

(9)
```
    8 6
  ×  2 6
```

(10)
```
    6 5
  ×  5 4
```

(11)
```
    8 2
  ×  4 5
```

(12)
```
    3 7
```

곱셈 2

올림이 있는 (두 자리 수)×(두 자리 수) (3)

월 일 이름

표준 완성 시간 5~6분

평가				
오답수	아주 잘함 : 0~2	잘함 : 3~5	보통 : 6~8	노력 바람 : 9~

부모 확인란

1. 곱셈을 하시오.

(1) 38×92

(2) 58×71

(3) 61×74

(4) 54×83

(5) 61×27

(6) 55×43

(7) 75×48

(8) 64×56

(9) 53×97

(10) 53×45

(11) 86×34

(12) 24×75

2. 곱셈을 하시오.

(1) 97×23

$$\begin{array}{r} 291 \\ 194 \\ \hline 2231 \end{array}$$

(2) 95×36

(3) 72×42

(4) 86×34

(5) 35×89

(6) 46×54

(7) 51×32

(8) 71×28

(9) 29×37

(10) 76×64

(11) 52×91

(12) 82×39

곱셈 2

올림이 있는 (두 자리 수)×(두 자리 수) (4)

월 일 이름

표준 완성 시간 5~6분

평가				
오답수	아주 잘함 : 0~2	잘함 : 3~5	보통 : 6~8	노력 바람 : 9~

부모 확인란

1. 곱셈을 하시오.

(1)
$$\begin{array}{r} 5\,5 \\ \times\ 6\,4 \\ \hline 2\,2\,0 \\ 3\,3\,0 \\ \hline 3\,5\,2\,0 \end{array}$$

(2) $\begin{array}{r} 9\,2 \\ \times\ 6\,5 \\ \hline \end{array}$

(3) $\begin{array}{r} 4\,9 \\ \times\ 7\,2 \\ \hline \end{array}$

(4) $\begin{array}{r} 9\,3 \\ \times\ 3\,6 \\ \hline \end{array}$

(5) $\begin{array}{r} 4\,6 \\ \times\ 5\,3 \\ \hline \end{array}$

(6) $\begin{array}{r} 1\,6 \\ \times\ 8\,9 \\ \hline \end{array}$

(7) $\begin{array}{r} 9\,5 \\ \times\ 5\,1 \\ \hline \end{array}$

(8) $\begin{array}{r} 2\,6 \\ \times\ 7\,5 \\ \hline \end{array}$

(9) $\begin{array}{r} 4\,7 \\ \times\ 3\,5 \\ \hline \end{array}$

(10) $\begin{array}{r} 5\,2 \\ \times\ 3\,8 \\ \hline \end{array}$

(11) $\begin{array}{r} 8\,8 \\ \times\ 2\,7 \\ \hline \end{array}$

(12) $\begin{array}{r} 6\,8 \\ \times\ 4\,1 \\ \hline \end{array}$

2. 곱셈을 하시오.

(1) $\begin{array}{r} 7\,8 \\ \times\ 2\,4 \\ \hline \end{array}$

(2) $\begin{array}{r} 3\,8 \\ \times\ 3\,4 \\ \hline \end{array}$

(3) $\begin{array}{r} 6\,2 \\ \times\ 8\,8 \\ \hline \end{array}$

(4) $\begin{array}{r} 5\,9 \\ \times\ 3\,2 \\ \hline \end{array}$

(5) $\begin{array}{r} 2\,7 \\ \times\ 4\,9 \\ \hline \end{array}$

(6) $\begin{array}{r} 6\,3 \\ \times\ 3\,7 \\ \hline \end{array}$

(7) $\begin{array}{r} 3\,3 \\ \times\ 7\,8 \\ \hline \end{array}$

(8) $\begin{array}{r} 9\,5 \\ \times\ 3\,4 \\ \hline \end{array}$

(9) $\begin{array}{r} 4\,6 \\ \times\ 7\,6 \\ \hline \end{array}$

(10) $\begin{array}{r} 8\,7 \\ \times\ 4\,2 \\ \hline \end{array}$

(11) $\begin{array}{r} 1\,8 \\ \times\ 8\,6 \\ \hline \end{array}$

(12) $\begin{array}{r} 7\,1 \\ \times\ 2\,8 \\ \hline \end{array}$

월 일 이름

표준 완성 시간 5~6분

평가				
오답수	아주 잘함 : 0~2	잘함 : 3~5	보통 : 6~8	노력 바람 : 9~

부모 확인란

1. 곱셈을 하시오.

(1) 44×52 = 88, 220, 2288

(2) 67×34

(3) 25×84

(4) 67×91

(5) 93×25

(6) 81×75

(7) 74×23

(8) 96×54

(9) 58×36

(10) 46×73

(11) 79×26

(12) 83×64

2. 곱셈을 하시오.

(1) 55×44

(2) 69×23

(3) 46×43

(4) 96×13

(5) 58×24

(6) 75×45

(7) 61×85

(8) 82×47

(9) 64×21

(10) 47×32

(11) 39×62

(12) 25×91

월 일 이름

표준 완성 시간 5~6분

평가				
오답수	아주 잘함 : 0~2	잘함 : 3~5	보통 : 6~8	노력 바람 : 9~

부모 확인란

1. 곱셈을 하시오.

(1) 26×59

(2) 74×13

(3) 93×84

(4) 52×63

(5) 49×42

(6) 19×72

(7) 91×94

(8) 89×33

(9) 14×84

(10) 87×41

(11) 47×35

(12) 31×96

2. 곱셈을 하시오.

(1) 72×82

(2) 38×81

(3) 49×91

(4) 62×56

(5) 26×62

(6) 75×16

(7) 54×91

(8) 88×54

(9) 36×58

(10) 62×32

(11) 73×43

(12) 71×85

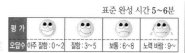

곱셈 2

올림이 있는 (두 자리 수)×(두 자리 수) (7)

월 일 이름

표준 완성 시간 5~6분

평가				
오답수	아주 잘함 : 0~2	잘함 : 3~5	보통 : 6~8	노력 바람 : 9~

부모 확인란

1. 곱셈을 하시오.

(1) 29×57

(2) 42×59

(3) 31×35

(4) 64×96

(5) 88×41

(6) 61×66

(7) 43×77

(8) 57×23

(9) 81×83

(10) 94×47

(11) 86×91

(12) 25×76

2. 곱셈을 하시오.

(1) 33×91

(2) 16×89

(3) 67×47

(4) 78×54

(5) 45×62

(6) 26×91

(7) 96×18

(8) 55×48

(9) 31×64

(10) 73×75

(11) 34×54

(12) 87×26

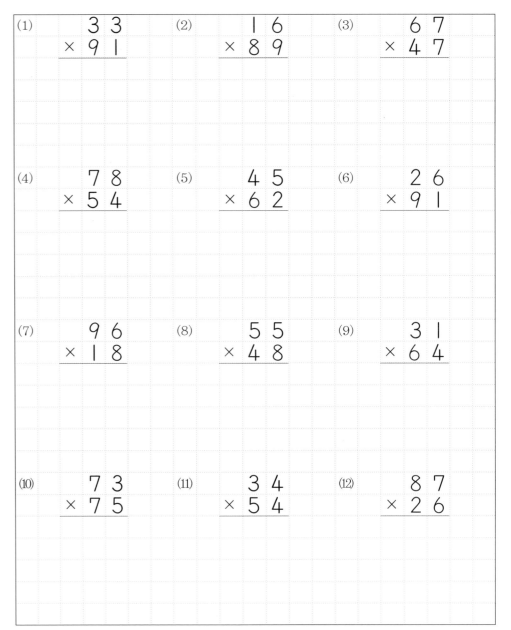

자리 수가 많은 곱셈 올림이 있는 (세 자리 수)×(두 자리 수) (1)

월 일 이름

표준 완성 시간 5~6분

평가				
오답수	아주 잘함 : 0~2	잘함 : 3~5	보통 : 6~8	노력 바람 : 9~

부모 확인란

1. 곱셈을 하시오.

(1) $\begin{array}{r} 112 \\ \times\ 14 \\ \hline 448 \\ 112 \\ \hline 1568 \end{array}$

(2) $\begin{array}{r} 214 \\ \times\ 22 \\ \hline \end{array}$

(3) $\begin{array}{r} 333 \\ \times\ 32 \\ \hline \end{array}$

(4) $\begin{array}{r} 242 \\ \times\ 21 \\ \hline \end{array}$

(5) $\begin{array}{r} 213 \\ \times\ 23 \\ \hline \end{array}$

(6) $\begin{array}{r} 203 \\ \times\ 32 \\ \hline \end{array}$

(7) $\begin{array}{r} 304 \\ \times\ 12 \\ \hline \end{array}$

(8) $\begin{array}{r} 312 \\ \times\ 13 \\ \hline \end{array}$

(9) $\begin{array}{r} 434 \\ \times\ 22 \\ \hline \end{array}$

(10) $\begin{array}{r} 331 \\ \times\ 21 \\ \hline \end{array}$

(11) $\begin{array}{r} 212 \\ \times\ 23 \\ \hline \end{array}$

(12) $\begin{array}{r} 865 \\ \times\ 11 \\ \hline \end{array}$

2. 곱셈을 하시오.

(1) $\begin{array}{r} 143 \\ \times\ 14 \\ \hline \end{array}$

(2) $\begin{array}{r} 224 \\ \times\ 29 \\ \hline \end{array}$

(3) $\begin{array}{r} 456 \\ \times\ 13 \\ \hline \end{array}$

(4) $\begin{array}{r} 334 \\ \times\ 26 \\ \hline \end{array}$

(5) $\begin{array}{r} 302 \\ \times\ 37 \\ \hline \end{array}$

(6) $\begin{array}{r} 152 \\ \times\ 28 \\ \hline \end{array}$

(7) $\begin{array}{r} 378 \\ \times\ 19 \\ \hline \end{array}$

(8) $\begin{array}{r} 212 \\ \times\ 35 \\ \hline \end{array}$

(9) $\begin{array}{r} 615 \\ \times\ 18 \\ \hline \end{array}$

(10) $\begin{array}{r} 244 \\ \times\ 24 \\ \hline \end{array}$

(11) $\begin{array}{r} 112 \\ \times\ 36 \\ \hline \end{array}$

(12) $\begin{array}{r} 313 \\ \times\ 25 \\ \hline \end{array}$

1. 곱셈을 하시오.

(1) 247×85

  1235
 1976
 20995

(2) 841×53

(3) 548×36

(4) 639×74

(5) 356×35

(6) 724×58

(7) 347×47

(8) 944×68

(9) 678×23

(10) 276×74

(11) 856×63

(12) 425×69

2. 곱셈을 하시오.

(1) 866×42

(2) 938×37

(3) 689×28

(4) 836×48

(5) 715×87

(6) 529×49

(7) 437×57

(8) 694×64

(9) 365×95

(10) 954×74

(11) 857×35

(12) 936×83

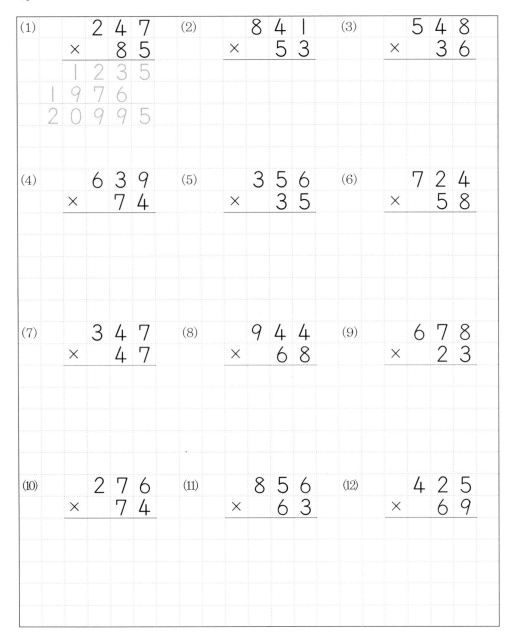

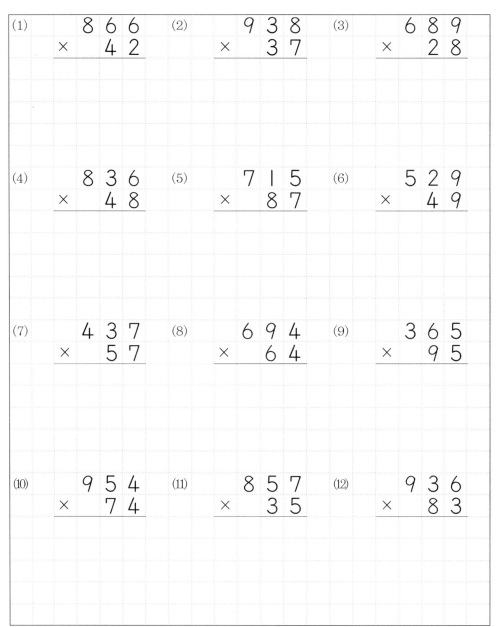

자리 수가 많은 곱셈

올림이 있는 (세 자리 수)×(세 자리 수) (1)

월 일 이름

표준 완성 시간 6~7분

평가				
오답수	아주 잘함 : 0~2	잘함 : 3~5	보통 : 6~8	노력 바람 : 9~

부모 확인란

1. 곱셈을 하시오.

(1) 228×123

  684
 456
228
28044

(2) 202×223

(3) 314×211

(4) 101×456

(5) 310×231

(6) 432×201

(7) 211×434

(8) 321×212

(9) 414×122

(10) 213×431

(11) 312×333

(12) 111×414

2. 곱셈을 하시오.

(1) 125×124

(2) 312×224

(3) 203×123

(4) 113×254

(5) 304×213

(6) 225×214

(7) 213×336

(8) 203×402

(9) 115×315

(10) 217×401

(11) 336×202

(12) 213×104

표준 완성 시간 6~7분

평가				
오답수	아주 잘함 : 0~2	잘함 : 3~5	보통 : 6~8	노력 바람 : 9~

부모 확인란

1. 곱셈을 하시오.

(1) 824×634

3296
2472
4944
522416

(2) 728×337

(3) 446×583

(4) 958×886

(5) 752×566

(6) 439×445

(7) 576×663

(8) 396×784

(9) 732×287

(10) 948×369

(11) 624×457

(12) 335×658

2. 곱셈을 하시오.

(1) 892×535

(2) 638×376

(3) 459×647

(4) 359×845

(5) 787×654

(6) 586×288

(7) 994×234

(8) 762×749

(9) 655×932

(10) 537×586

(11) 822×976

(12) 542×887

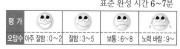

3단계 내용

정답

3쪽

1. (1)

×	8	5	6
1	8	5	6
3	24	15	18
4	32	20	24

(2)

×	1	2	5	7
3	3	6	15	21
0	0	0	0	0
6	6	12	30	42

(3)

×	3	0	9
6	18	0	54
4	12	0	36
8	24	0	72
2	6	0	18

(4)

×	7	3	2	5
7	49	21	14	35
3	21	9	6	15
1	7	3	2	5
9	63	27	18	45

2.

×	5	9	7	0	3	8	2	6	1	4
3	15	27	21	0	9	24	6	18	3	12
4	20	36	28	0	12	32	8	24	4	16
0	0	0	0	0	0	0	0	0	0	0
1	5	9	7	0	3	8	2	6	1	4
5	25	45	35	0	15	40	10	30	5	20
9	45	81	63	0	27	72	18	54	9	36
8	40	72	56	0	24	64	16	48	8	32
7	35	63	49	0	21	56	14	42	7	28
6	30	54	42	0	18	48	12	36	6	24
2	10	18	14	0	6	16	4	12	2	8

4쪽

1.

×	1	6	0	3	2	7	5	9	8	4
4	4	24	0	12	8	28	20	36	32	16
6	6	36	0	18	12	42	30	54	48	24
1	1	6	0	3	2	7	5	9	8	4
3	3	18	0	9	6	21	15	27	24	12
0	0	0	0	0	0	0	0	0	0	0
2	2	12	0	6	4	14	10	18	16	8
5	5	30	0	15	10	35	25	45	40	20
7	7	42	0	21	14	49	35	63	56	28
9	9	54	0	27	18	63	45	81	72	36
8	8	48	0	24	16	56	40	72	64	32

2.

×	0	5	8	2	4	7	9	6	1	3
2	0	10	16	4	8	14	18	12	2	6
3	0	15	24	6	12	21	27	18	3	9
7	0	35	56	14	28	49	63	42	7	21
4	0	20	32	8	16	28	36	24	4	12
8	0	40	64	16	32	56	72	48	8	24
6	0	30	48	12	24	42	54	36	6	18
1	0	5	8	2	4	7	9	6	1	3
9	0	45	72	18	36	63	81	54	9	27
0	0	0	0	0	0	0	0	0	0	0
5	0	25	40	10	20	35	45	30	5	15

5쪽

1.

×	8	4	2	5	9	1	7	0	6	3
8	64	32	16	40	72	8	56	0	48	24
4	32	16	8	20	36	4	28	0	24	12
2	16	8	4	10	18	2	14	0	12	6
5	40	20	10	25	45	5	35	0	30	15
9	72	36	18	45	81	9	63	0	54	27
1	8	4	2	5	9	1	7	0	6	3
7	56	28	14	35	63	7	49	0	42	21
0	0	0	0	0	0	0	0	0	0	0
6	48	24	12	30	54	6	42	0	36	18
3	24	12	6	15	27	3	21	0	18	9

2.

×	7	3	4	6	1	0	8	5	2	9
7	49	21	28	42	7	0	56	35	14	63
3	21	9	12	18	3	0	24	15	6	27
4	28	12	16	24	4	0	32	20	8	36
6	42	18	24	36	6	0	48	30	12	54
1	7	3	4	6	1	0	8	5	2	9
0	0	0	0	0	0	0	0	0	0	0
8	56	24	32	48	8	0	64	40	16	72
5	35	15	20	30	5	0	40	25	10	45
2	14	6	8	12	2	0	16	10	4	18
9	63	27	36	54	9	0	72	45	18	81

6쪽

1.

×	6	0	4	2	7	5	9	8	3	1
6	36	0	24	12	42	30	54	48	18	6
0	0	0	0	0	0	0	0	0	0	0
4	24	0	16	8	28	20	36	32	12	4
2	12	0	8	4	14	10	18	16	6	2
7	42	0	28	14	49	35	63	56	21	7
5	30	0	20	10	35	25	45	40	15	5
9	54	0	36	18	63	45	81	72	27	9
8	48	0	32	16	56	40	72	64	24	8
3	18	0	12	6	21	15	27	24	9	3
1	6	0	4	2	7	5	9	8	3	1

2.

×	0	9	5	8	2	1	3	6	7	4
0	0	0	0	0	0	0	0	0	0	0
9	0	81	45	72	18	9	27	54	63	36
5	0	45	25	40	10	5	15	30	35	20
8	0	72	40	64	16	8	24	48	56	32
2	0	18	10	16	4	2	6	12	14	8
1	0	9	5	8	2	1	3	6	7	4
3	0	27	15	24	6	3	9	18	21	12
6	0	54	30	48	12	6	18	36	42	24
7	0	63	35	56	14	7	21	42	49	28
4	0	36	20	32	8	4	12	24	28	16

7쪽

1.

×	5	7	6	4	8	3	9	0	1	2
5	25	35	30	20	40	15	45	0	5	10
7	35	49	42	28	56	21	63	0	7	14
6	30	42	36	24	48	18	54	0	6	12
4	20	28	24	16	32	12	36	0	4	8
8	40	56	48	32	64	24	72	0	8	16
3	15	21	18	12	24	9	27	0	3	6
9	45	63	54	36	72	27	81	0	9	18
0	0	0	0	0	0	0	0	0	0	0
1	5	7	6	4	8	3	9	0	1	2
2	10	14	12	8	16	6	18	0	2	4

2.

×	3	9	0	5	2	6	7	1	8	4
3	9	27	0	15	6	18	21	3	24	12
9	27	81	0	45	18	54	63	9	72	36
0	0	0	0	0	0	0	0	0	0	0
5	15	45	0	25	10	30	35	5	40	20
2	6	18	0	10	4	12	14	2	16	8
6	18	54	0	30	12	36	42	6	48	24
7	21	63	0	35	14	42	49	7	56	28
1	3	9	0	5	2	6	7	1	8	4
8	24	72	0	40	16	48	56	8	64	32
4	12	36	0	20	8	24	28	4	32	16

8쪽

1.

×	4	5	1	6	8	3	2	0	7	9
4	16	20	4	24	32	12	8	0	28	36
5	20	25	5	30	40	15	10	0	35	45
1	4	5	1	6	8	3	2	0	7	9
6	24	30	6	36	48	18	12	0	42	54
8	32	40	8	48	64	24	16	0	56	72
3	12	15	3	18	24	9	6	0	21	27
2	8	10	2	12	16	6	4	0	14	18
0	0	0	0	0	0	0	0	0	0	0
7	28	35	7	42	56	21	14	0	49	63
9	36	45	9	54	72	27	18	0	63	81

2.

×	3	6	7	2	0	9	1	8	5	4
3	9	18	21	6	0	27	3	24	15	12
6	18	36	42	12	0	54	6	48	30	24
7	21	42	49	14	0	63	7	56	35	28
2	6	12	14	4	0	18	2	16	10	8
0	0	0	0	0	0	0	0	0	0	0
9	27	54	63	18	0	81	9	72	45	36
1	3	6	7	2	0	9	1	8	5	4
8	24	48	56	16	0	72	8	64	40	32
5	15	30	35	10	0	45	5	40	25	20
4	12	24	28	8	0	36	4	32	20	16

9쪽

1.

×	6	4	2	9	7	5	0	3	1	8
6	36	24	12	54	42	30	0	18	6	48
4	24	16	8	36	28	20	0	12	4	32
2	12	8	4	18	14	10	0	6	2	16
9	54	36	18	81	63	45	0	27	9	72
7	42	28	14	63	49	35	0	21	7	56
5	30	20	10	45	35	25	0	15	5	40
0	0	0	0	0	0	0	0	0	0	0
3	18	12	6	27	21	15	0	9	3	24
1	6	4	2	9	7	5	0	3	1	8
8	48	32	16	72	56	40	0	24	8	64

2.

×	5	1	8	4	3	6	9	7	0	2
5	25	5	40	20	15	30	45	35	0	10
1	5	1	8	4	3	6	9	7	0	2
8	40	8	64	32	24	48	72	56	0	16
4	20	4	32	16	12	24	36	28	0	8
3	15	3	24	12	9	18	27	21	0	6
6	30	6	48	24	18	36	54	42	0	12
9	45	9	72	36	27	54	81	63	0	18
7	35	7	56	28	21	42	63	49	0	14
0	0	0	0	0	0	0	0	0	0	0
2	10	2	16	8	6	12	18	14	0	4

10쪽

1.

×	7	3	5	8	1	2	9	4	6	0
7	49	21	35	56	7	14	63	28	42	0
3	21	9	15	24	3	6	27	12	18	0
5	35	15	25	40	5	10	45	20	30	0
8	56	24	40	64	8	16	72	32	48	0
1	7	3	5	8	1	2	9	4	6	0
2	14	6	10	16	2	4	18	8	12	0
9	63	27	45	72	9	18	81	36	54	0
4	28	12	20	32	4	8	36	16	24	0
6	42	18	30	48	6	12	54	24	36	0
0	0	0	0	0	0	0	0	0	0	0

2.

×	1	0	8	4	9	6	7	5	2	3
1	1	0	8	4	9	6	7	5	2	3
0	0	0	0	0	0	0	0	0	0	0
8	8	0	64	32	72	48	56	40	16	24
4	4	0	32	16	36	24	28	20	8	12
9	9	0	72	36	81	54	63	45	18	27
6	6	0	48	24	54	36	42	30	12	18
7	7	0	56	28	63	42	49	35	14	21
5	5	0	40	20	45	30	35	25	10	15
2	2	0	16	8	18	12	14	10	4	6
3	3	0	24	12	27	18	21	15	6	9

11쪽

1.

×	2	9	6	0	3	4	5	1	8	7
2	4	18	12	0	6	8	10	2	16	14
9	18	81	54	0	27	36	45	9	72	63
6	12	54	36	0	18	24	30	6	48	42
0	0	0	0	0	0	0	0	0	0	0
3	6	27	18	0	9	12	15	3	24	21
4	8	36	24	0	12	16	20	4	32	28
5	10	45	30	0	15	20	25	5	40	35
1	2	9	6	0	3	4	5	1	8	7
8	16	72	48	0	24	32	40	8	64	56
7	14	63	42	0	21	28	35	7	56	49

2.

×	0	8	7	9	2	5	4	6	3	1
0	0	0	0	0	0	0	0	0	0	0
8	0	64	56	72	16	40	32	48	24	8
7	0	56	49	63	14	35	28	42	21	7
9	0	72	63	81	18	45	36	54	27	9
2	0	16	14	18	4	10	8	12	6	2
5	0	40	35	45	10	25	20	30	15	5
4	0	32	28	36	8	20	16	24	12	4
6	0	48	42	54	12	30	24	36	18	6
3	0	24	21	27	6	15	12	18	9	3
1	0	8	7	9	2	5	4	6	3	1

12쪽

1.

×	4	0	9	3	1	2	5	8	6	7
4	16	0	36	12	4	8	20	32	24	28
0	0	0	0	0	0	0	0	0	0	0
9	36	0	81	27	9	18	45	72	54	63
3	12	0	27	9	3	6	15	24	18	21
1	4	0	9	3	1	2	5	8	6	7
2	8	0	18	6	2	4	10	16	12	14
5	20	0	45	15	5	10	25	40	30	35
8	32	0	72	24	8	16	40	64	48	56
6	24	0	54	18	6	12	30	48	36	42
7	28	0	63	21	7	14	35	56	42	49

2.

×	1	3	7	9	6	2	0	4	5	8
1	1	3	7	9	6	2	0	4	5	8
3	3	9	21	27	18	6	0	12	15	24
7	7	21	49	63	42	14	0	28	35	56
9	9	27	63	81	54	18	0	36	45	72
6	6	18	42	54	36	12	0	24	30	48
2	2	6	14	18	12	4	0	8	10	16
0	0	0	0	0	0	0	0	0	0	0
4	4	12	28	36	24	8	0	16	20	32
5	5	15	35	45	30	10	0	20	25	40
8	8	24	56	72	48	16	0	32	40	64

13쪽

1. (1) 9 (2) 5 (3) 3 (4) 8 (5) 1
(6) 4 (7) 5 (8) 0 (9) 5 (10) 7
(11) 0 (12) 9 (13) 1 (14) 7 (15) 9
(16) 7 (17) 8 (18) 2 (19) 5 (20) 9
(21) 9 (22) 3 (23) 4 (24) 6

2. (1) 5 (2) 2 (3) 6 (4) 2 (5) 8
(6) 8 (7) 9 (8) 8 (9) 7 (10) 4
(11) 0 (12) 4 (13) 9 (14) 5 (15) 9
(16) 3 (17) 0 (18) 1 (19) 6 (20) 8
(21) 0 (22) 6 (23) 6 (24) 3

14쪽

1. (1) 3 (2) 4 (3) 1 (4) 2 (5) 9
(6) 4 (7) 0 (8) 2 (9) 9 (10) 7
(11) 5 (12) 9 (13) 6 (14) 4 (15) 8
(16) 7 (17) 2 (18) 8 (19) 1 (20) 1
(21) 9 (22) 3 (23) 8 (24) 5

2. (1) 8 (2) 3 (3) 4 (4) 5 (5) 3
(6) 6 (7) 0 (8) 7 (9) 9 (10) 4
(11) 9 (12) 5 (13) 5 (14) 8 (15) 4
(16) 7 (17) 7 (18) 1 (19) 0 (20) 9
(21) 4 (22) 2 (23) 0 (24) 4

15쪽

1. (1) 5 (2) 3 (3) 1 (4) 5 (5) 3
(6) 7 (7) 9 (8) 3 (9) 8 (10) 2
(11) 2 (12) 8 (13) 7 (14) 5 (15) 9
(16) 4 (17) 5 (18) 8 (19) 6 (20) 6
(21) 5 (22) 8 (23) 1 (24) 6

2. (1) 3 (2) 6 (3) 9 (4) 0 (5) 8
(6) 8 (7) 5 (8) 1 (9) 0 (10) 1
(11) 3 (12) 6 (13) 4 (14) 6 (15) 9
(16) 0 (17) 0 (18) 6 (19) 5 (20) 3
(21) 7 (22) 2 (23) 7 (24) 2

16쪽

1. (1) 5 (2) 8 (3) 7 (4) 1 (5) 9
(6) 3 (7) 7 (8) 1 (9) 7 (10) 4
(11) 4 (12) 4 (13) 9 (14) 5 (15) 0
(16) 2 (17) 5 (18) 4 (19) 7 (20) 2
(21) 3 (22) 5 (23) 1 (24) 5

2. (1) 4 (2) 2 (3) 8 (4) 9 (5) 2
(6) 9 (7) 4 (8) 7 (9) 5 (10) 4
(11) 2 (12) 2 (13) 6 (14) 2 (15) 1
(16) 7 (17) 5 (18) 6 (19) 4 (20) 9
(21) 8 (22) 2 (23) 7 (24) 7

17쪽

1. (1) 8 (2) 7 (3) 6 (4) 4 (5) 0
(6) 3 (7) 6 (8) 0 (9) 6 (10) 3
(11) 4 (12) 6 (13) 2 (14) 5 (15) 1
(16) 9 (17) 3 (18) 6 (19) 3 (20) 9
(21) 3 (22) 1 (23) 5 (24) 4

2. (1) 7 (2) 7 (3) 7 (4) 0 (5) 2
(6) 2 (7) 3 (8) 9 (9) 9 (10) 1
(11) 5 (12) 3 (13) 8 (14) 8 (15) 3
(16) 5 (17) 7 (18) 9 (19) 3 (20) 4
(21) 5 (22) 5 (23) 5 (24) 5

18쪽

1. (1) 6 (2) 2 (3) 7 (4) 4 (5) 2
(6) 4 (7) 9 (8) 9 (9) 1 (10) 2
(11) 8 (12) 8 (13) 4 (14) 6 (15) 6
(16) 9 (17) 1 (18) 6 (19) 9 (20) 7
(21) 8 (22) 0 (23) 2 (24) 1

2. (1) 4 (2) 6 (3) 6 (4) 8 (5) 7
(6) 3 (7) 5 (8) 0 (9) 5 (10) 7
(11) 4 (12) 7 (13) 5 (14) 6 (15) 8
(16) 7 (17) 7 (18) 7 (19) 9 (20) 2
(21) 2 (22) 4 (23) 7 (24) 8

19쪽

1. (1) 5 (2) 3 (3) 1 (4) 3 (5) 3
(6) 2 (7) 7 (8) 2 (9) 8 (10) 6
(11) 8 (12) 4 (13) 9 (14) 1 (15) 5
(16) 5 (17) 9 (18) 3 (19) 1 (20) 8
(21) 9 (22) 4 (23) 0 (24) 7

2. (1) 8 (2) 6 (3) 2 (4) 7 (5) 1
(6) 6 (7) 3 (8) 3 (9) 7 (10) 4
(11) 6 (12) 6 (13) 0 (14) 3 (15) 5
(16) 9 (17) 4 (18) 6 (19) 5 (20) 7
(21) 7 (22) 8 (23) 2 (24) 3

20쪽

1. (1) 2 (2) 3 (3) 5 (4) 7 (5) 3
(6) 8 (7) 3 (8) 6 (9) 2 (10) 8
(11) 1 (12) 9 (13) 9 (14) 4 (15) 3
(16) 4 (17) 7 (18) 4 (19) 7 (20) 2
(21) 3 (22) 7 (23) 3 (24) 7

2. (1) 5 (2) 6 (3) 4 (4) 5 (5) 2
(6) 4 (7) 8 (8) 7 (9) 6 (10) 6
(11) 5 (12) 6 (13) 3 (14) 1 (15) 8
(16) 8 (17) 9 (18) 4 (19) 3 (20) 8
(21) 3 (22) 6 (23) 5 (24) 1

21쪽

1. (1) 1 (2) 2 (3) 3 (4) 9 (5) 1
(6) 9 (7) 9 (8) 3 (9) 8 (10) 2
(11) 5 (12) 4 (13) 7 (14) 7 (15) 9
(16) 4 (17) 9 (18) 7 (19) 7 (20) 2
(21) 9 (22) 4 (23) 5 (24) 9

2. (1) 1 (2) 7 (3) 6 (4) 4 (5) 6
(6) 2 (7) 3 (8) 3 (9) 2 (10) 1
(11) 5 (12) 8 (13) 5 (14) 3 (15) 2
(16) 8 (17) 6 (18) 5 (19) 3 (20) 2
(21) 5 (22) 4 (23) 7 (24) 5

22쪽

1. (1) 7 (2) 5 (3) 7 (4) 7 (5) 2
(6) 6 (7) 5 (8) 6 (9) 3 (10) 4
(11) 4 (12) 2 (13) 9 (14) 4 (15) 9
(16) 8 (17) 2 (18) 5 (19) 6 (20) 5
(21) 5 (22) 3 (23) 8 (24) 2

2. (1) 4 (2) 3 (3) 5 (4) 6 (5) 8
(6) 6 (7) 4 (8) 7 (9) 2 (10) 3
(11) 7 (12) 2 (13) 9 (14) 7 (15) 4
(16) 3 (17) 4 (18) 2 (19) 7 (20) 2
(21) 8 (22) 1 (23) 4 (24) 9

23쪽

1. (1) 7 (2) 1 (3) 9 (4) 2 (5) 9
(6) 8 (7) 2 (8) 1 (9) 6 (10) 5
(11) 4 (12) 4 (13) 7 (14) 9 (15) 6
(16) 4 (17) 4 (18) 2 (19) 6 (20) 5
(21) 5 (22) 2 (23) 2 (24) 3

2. (1) 6 (2) 9 (3) 3 (4) 4 (5) 7
(6) 8 (7) 2 (8) 5 (9) 9 (10) 6
(11) 7 (12) 7 (13) 7 (14) 1 (15) 2
(16) 8 (17) 4 (18) 7 (19) 4 (20) 2
(21) 8 (22) 8 (23) 2 (24) 5

24쪽

1. (1) 9 (2) 6 (3) 6 (4) 2 (5) 6
(6) 9 (7) 4 (8) 7 (9) 5 (10) 7
(11) 8 (12) 2 (13) 5 (14) 9 (15) 5
(16) 9 (17) 7 (18) 6 (19) 7 (20) 4
(21) 8 (22) 5 (23) 3 (24) 7

2. (1) 9 (2) 3 (3) 8 (4) 3 (5) 9
(6) 8 (7) 4 (8) 3 (9) 3 (10) 2
(11) 9 (12) 3 (13) 4 (14) 8 (15) 1
(16) 4 (17) 5 (18) 8 (19) 3 (20) 9
(21) 7 (22) 2 (23) 4 (24) 9

25쪽

1. (1) 6 (2) 6 (3) 2 (4) 2 (5) 1
(6) 4 (7) 7 (8) 8 (9) 6 (10) 8
(11) 2 (12) 2 (13) 9 (14) 5 (15) 4
(16) 4 (17) 9 (18) 9 (19) 4 (20) 7
(21) 4 (22) 4 (23) 2 (24) 7

2. (1) 9 (2) 7 (3) 1 (4) 5 (5) 2
(6) 9 (7) 5 (8) 1 (9) 6 (10) 9
(11) 6 (12) 4 (13) 6 (14) 4 (15) 8
(16) 5 (17) 3 (18) 3 (19) 7 (20) 3
(21) 8 (22) 3 (23) 3 (24) 1

26쪽

1. (1) 8…1 (2) 5…2 (3) 5…1 (4) 4…4
(5) 5…1 (6) 7…3 (7) 6…1 (8) 6…3
(9) 4…4 (10) 2…1 (11) 4…2 (12) 2…4
(13) 1…6 (14) 2…1 (15) 1…1 (16) 6…1
(17) 5…1 (18) 4…3 (19) 4…5 (20) 7…3
(21) 5…2 (22) 2…6 (23) 7…3 (24) 7…7

2. (1) 6…2 (2) 3…5 (3) 8…2 (4) 8…3
(5) 6…4 (6) 2…1 (7) 5…1 (8) 5…4
(9) 5…1 (10) 9…2 (11) 6…3 (12) 7…4
(13) 3…3 (14) 5…3 (15) 9…3 (16) 6…2
(17) 8…1 (18) 8…6 (19) 3…1 (20) 2…3
(21) 4…2 (22) 2…2 (23) 7…1 (24) 8…5

27쪽

1. (1) 3…1 (2) 7…4 (3) 7…1 (4) 2…5
(5) 5…4 (6) 3…1 (7) 3…3 (8) 7…2
(9) 4…1 (10) 4…4 (11) 9…2 (12) 7…2
(13) 3…6 (14) 3…2 (15) 9…3 (16) 4…4
(17) 7…3 (18) 1…2 (19) 8…2 (20) 6…1
(21) 4…6 (22) 7…3 (23) 9…1 (24) 5…3

2. (1) 5…5 (2) 2…2 (3) 8…5 (4) 2…1
(5) 2…1 (6) 4…2 (7) 5…3 (8) 5…7
(9) 3…5 (10) 1…3 (11) 4…2 (12) 9…1
(13) 3…4 (14) 5…3 (15) 5…2 (16) 7…2
(17) 7…7 (18) 8…3 (19) 6…2 (20) 9…4
(21) 8…2 (22) 9…3 (23) 8…4 (24) 9…1

28쪽

1. (1) 8…2 (2) 8…4 (3) 4…2 (4) 4…6
(5) 7…1 (6) 3…4 (7) 9…6 (8) 3…4
(9) 1…2 (10) 4…4 (11) 6…2 (12) 8…3
(13) 5…1 (14) 5…2 (15) 3…3 (16) 1…1
(17) 7…2 (18) 7…5 (19) 4…1 (20) 6…2
(21) 3…4 (22) 4…1 (23) 8…2 (24) 5…6

2. (1) 4…2 (2) 1…1 (3) 9…3 (4) 5…4
(5) 4…3 (6) 8…4 (7) 7…2 (8) 3…1

(9) 7…5 (10) 6…2 (11) 4…3 (12) 4…5
(13) 7…3 (14) 8…2 (15) 9…2 (16) 3…3
(17) 2…8 (18) 2…2 (19) 2…1 (20) 6…3
(21) 9…1 (22) 2…6 (23) 9…2 (24) 4…3

29쪽

1. (1) 1…2 (2) 9…4 (3) 8…2 (4) 8…1
(5) 5…3 (6) 1…2 (7) 3…2 (8) 2…3
(9) 8…5 (10) 6…4 (11) 9…3 (12) 7…1
(13) 5…3 (14) 9…2 (15) 6…3 (16) 5…4
(17) 3…6 (18) 9…6 (19) 2…1 (20) 8…2
(21) 8…8 (22) 6…3 (23) 7…3 (24) 1…3

2. (1) 1…6 (2) 7…1 (3) 9…5 (4) 9…7
(5) 5…2 (6) 3…2 (7) 7…5 (8) 3…1
(9) 2…4 (10) 6…4 (11) 1…1 (12) 9…1
(13) 6…5 (14) 9…4 (15) 8…4 (16) 2…2
(17) 9…1 (18) 3…3 (19) 8…2 (20) 6…3
(21) 6…1 (22) 1…6 (23) 5…3 (24) 4…1

30쪽

1. (1) 3…4 (2) 6…1 (3) 6…6 (4) 5…2
(5) 4…1 (6) 5…2 (7) 8…7 (8) 8…3
(9) 4…1 (10) 5…4 (11) 2…2 (12) 4…1
(13) 2…1 (14) 7…1 (15) 7…1 (16) 9…4
(17) 9…2 (18) 6…2 (19) 1…1 (20) 9…2
(21) 8…4 (22) 5…3 (23) 2…4 (24) 9…4

2. (1) 2…3 (2) 7…4 (3) 5…1 (4) 9…2
(5) 9…4 (6) 9…5 (7) 3…1 (8) 7…3
(9) 9…7 (10) 5…2 (11) 1…1 (12) 6…3
(13) 5…1 (14) 1…4 (15) 7…2 (16) 9…1
(17) 2…4 (18) 7…6 (19) 6…1 (20) 6…2
(21) 9…3 (22) 2…5 (23) 4…4 (24) 8…1

31쪽

1. (1) 7…1 (2) 7…4 (3) 2…1 (4) 3…3
(5) 3…2 (6) 5…2 (7) 3…4 (8) 4…4
(9) 8…3 (10) 6…5 (11) 9…5 (12) 2…3
(13) 6…1 (14) 8…1 (15) 7…1 (16) 3…5
(17) 9…3 (18) 7…1 (19) 9…3 (20) 2…3
(21) 9…3 (22) 5…3 (23) 6…1 (24) 9…2

2. (1) 9…6 (2) 2…5 (3) 9…1 (4) 7…1
(5) 7…1 (6) 9…1 (7) 4…3 (8) 4…3
(9) 9…4 (10) 2…1 (11) 7…4 (12) 5…2
(13) 8…5 (14) 5…1 (15) 3…1 (16) 5…1
(17) 4…7 (18) 7…2 (19) 4…4 (20) 2…4
(21) 8…1 (22) 6…3 (23) 4…1 (24) 8…3

32쪽

1. (1) 7…2 (2) 5…3 (3) 8…2 (4) 8…3
(5) 2…3 (6) 2…2 (7) 4…4 (8) 5…5
(9) 5…2 (10) 8…4 (11) 5…3 (12) 8…1
(13) 5…2 (14) 2…3 (15) 5…3 (16) 4…2
(17) 3…1 (18) 2…3 (19) 2…3 (20) 2…2
(21) 6…3 (22) 2…5 (23) 2…2 (24) 9…4

2. (1) 2…2 (2) 6…1 (3) 1…2 (4) 6…4
(5) 4…2 (6) 7…1 (7) 6…2 (8) 9…5
(9) 3…2 (10) 7…2 (11) 3…2 (12) 5…3
(13) 8…4 (14) 7…5 (15) 7…3 (16) 7…2
(17) 7…5 (18) 3…3 (19) 2…5 (20) 6…3
(21) 5…7 (22) 7…2 (23) 8…1 (24) 3…1

33쪽

1. (1) 6…1 (2) 9…4 (3) 3…5 (4) 2…3
(5) 4…1 (6) 4…1 (7) 1…2 (8) 5…6
(9) 4…2 (10) 2…1 (11) 4…2 (12) 6…5
(13) 5…1 (14) 8…5 (15) 6…3 (16) 9…1
(17) 9…1 (18) 5…1 (19) 3…4 (20) 5…3
(21) 3…4 (22) 9…5 (23) 6…4 (24) 6…2

2. (1) 7…4 (2) 1…2 (3) 5…1 (4) 2…1
(5) 8…2 (6) 6…5 (7) 1…7 (8) 2…6
(9) 5…2 (10) 3…1 (11) 3…6 (12) 4…6
(13) 6…1 (14) 3…6 (15) 5…2 (16) 9…2
(17) 8…1 (18) 6…1 (19) 9…4 (20) 7…3
(21) 9…2 (22) 4…2 (23) 1…1 (24) 9…2

34쪽

1. (1) 4…2 (2) 3…5 (3) 4…3 (4) 1…4
(5) 2…4 (6) 1…8 (7) 5…5 (8) 3…2
(9) 8…4 (10) 6…1 (11) 6…8 (12) 8…6
(13) 5…5 (14) 1…7 (15) 5…1 (16) 3…6
(17) 1…3 (18) 6…4 (19) 5…5 (20) 4…6
(21) 4…3 (22) 5…1 (23) 2…4 (24) 1…5

2. (1) 2…4 (2) 6…2 (3) 5…6 (4) 5…6
(5) 8…3 (6) 4…2 (7) 4…8 (8) 3…7
(9) 7…2 (10) 2…5 (11) 5…5 (12) 9…3
(13) 6…4 (14) 7…1 (15) 7…5 (16) 3…6
(17) 6…1 (18) 7…4 (19) 1…5 (20) 7…1
(21) 8…5 (22) 2…5 (23) 9…1 (24) 8…7

35쪽

1. (1) 3…6 (2) 2…3 (3) 1…7 (4) 3…5
(5) 4…5 (6) 2…3 (7) 3…3 (8) 4…2
(9) 6…5 (10) 9…1 (11) 5…1 (12) 8…6
(13) 4…6 (14) 6…1 (15) 9…4 (16) 7…5
(17) 4…8 (18) 7…1 (19) 8…4 (20) 2…3
(21) 6…1 (22) 8…8 (23) 5…1 (24) 7…6

2. (1) 2…2 (2) 6…4 (3) 3…8 (4) 6…5
(5) 4…3 (6) 6…2 (7) 3…1 (8) 1…5
(9) 3…3 (10) 8…7 (11) 1…6 (12) 8…6
(13) 8…8 (14) 3…3 (15) 4…4 (16) 6…3
(17) 8…2 (18) 8…3 (19) 5…7 (20) 2…7
(21) 6…2 (22) 2…2 (23) 5…1 (24) 8…1

36쪽

1. (1) 5…5 (2) 3…2 (3) 6…6 (4) 5…3
(5) 3…4 (6) 1…5 (7) 3…1 (8) 7…2
(9) 1…5 (10) 5…5 (11) 8…6 (12) 2…4
(13) 5…1 (14) 8…8 (15) 4…3 (16) 5…5
(17) 3…5 (18) 8…2 (19) 1…4 (20) 9…6
(21) 5…8 (22) 8…3 (23) 6…3 (24) 2…6

2. (1) 2…2 (2) 3…7 (3) 2…5 (4) 2…5
(5) 6…6 (6) 8…5 (7) 7…4 (8) 5…2
(9) 8…4 (10) 3…6 (11) 1…3 (12) 3…6
(13) 7…4 (14) 2…6 (15) 4…5 (16) 1…6
(17) 2…1 (18) 9…2 (19) 4…2 (20) 8…7
(21) 7…7 (22) 4…6 (23) 6…8 (24) 2…5

37쪽

1. (1) 7…7 (2) 4…4 (3) 1…4 (4) 4…2
(5) 3…2 (6) 8…6 (7) 4…7 (8) 3…4
(9) 2…2 (10) 7…4 (11) 4…4 (12) 1…5
(13) 6…2 (14) 3…8 (15) 1…1 (16) 3…3
(17) 6…2 (18) 6…5 (19) 1…3 (20) 5…6
(21) 6…5 (22) 7…3 (23) 2…2 (24) 9…2

2. (1) 7…1 (2) 4…3 (3) 2…6 (4) 7…2
(5) 2…7 (6) 1…7 (7) 3…5 (8) 7…5
(9) 2…7 (10) 5…8 (11) 3…7 (12) 2…3
(13) 4…5 (14) 3…7 (15) 3…3 (16) 1…6
(17) 3…1 (18) 7…4 (19) 4…6 (20) 1…5
(21) 6…6 (22) 1…6 (23) 5…6 (24) 5…7

38쪽

1. (1) 8…5 (2) 1…6 (3) 2…5 (4) 3…4
(5) 5…4 (6) 2…5 (7) 4…2 (8) 6…6
(9) 7…3 (10) 4…2 (11) 1…4 (12) 6…7
(13) 9…1 (14) 6…4 (15) 3…1 (16) 1…7
(17) 6…8 (18) 2…6 (19) 4…3 (20) 2…4
(21) 2…1 (22) 9…2 (23) 2…5 (24) 9…1

2. (1) 2…2 (2) 7…5 (3) 4…4 (4) 8…4
(5) 2…5 (6) 7…4 (7) 6…4 (8) 3…2
(9) 2…1 (10) 3…6 (11) 8…3 (12) 8…5
(13) 4…5 (14) 8…5 (15) 7…1 (16) 5…3
(17) 5…5 (18) 6…3 (19) 3…4 (20) 1…5
(21) 6…4 (22) 6…5 (23) 2…6 (24) 4…1

39쪽

1. (1) 4…4 (2) 8…1 (3) 3…7 (4) 5…2
(5) 5…6 (6) 3…5 (7) 1…4 (8) 6…2

(9) 3…3 (10) 2…3 (11) 5…1 (12) 7…5
(13) 9…1 (14) 7…7 (15) 4…4 (16) 8…4
(17) 3…5 (18) 4…6 (19) 3…3 (20) 2…1
(21) 5…8 (22) 7…8 (23) 6…2 (24) 8…6

2. (1) 4…1 (2) 2…2 (3) 6…5 (4) 4…1
(5) 6…4 (6) 4…4 (7) 1…4 (8) 2…3
(9) 6…5 (10) 3…8 (11) 5…6 (12) 1…6
(13) 1…4 (14) 4…6 (15) 6…8 (16) 7…2
(17) 3…3 (18) 1…7 (19) 8…5 (20) 8…2
(21) 3…3 (22) 4…8 (23) 6…4 (24) 7…6

40쪽

1. (1) 5…8 (2) 7…1 (3) 8…3 (4) 4…1
(5) 4…7 (6) 2…6 (7) 1…8 (8) 6…8
(9) 2…4 (10) 1…5 (11) 7…4 (12) 8…8
(13) 4…6 (14) 6…6 (15) 8…7 (16) 7…5
(17) 2…7 (18) 3…1 (19) 5…3 (20) 5…5
(21) 7…2 (22) 6…6 (23) 1…3 (24) 8…6

2. (1) 5…1 (2) 7…3 (3) 7…1 (4) 3…6
(5) 8…5 (6) 3…4 (7) 7…4 (8) 3…1
(9) 6…4 (10) 3…2 (11) 8…4 (12) 3…8
(13) 1…3 (14) 2…2 (15) 6…3 (16) 2…5
(17) 8…1 (18) 6…4 (19) 6…7 (20) 7…7
(21) 2…8 (22) 6…4 (23) 1…5 (24) 1…2

41쪽

1. (1) 5…7 (2) 7…2 (3) 8…2 (4) 1…3
(5) 3…3 (6) 1…3 (7) 4…3 (8) 4…4
(9) 5…8 (10) 3…5 (11) 2…6 (12) 3…7
(13) 6…2 (14) 8…6 (15) 4…5 (16) 2…4
(17) 7…8 (18) 6…5 (19) 7…3 (20) 1…7
(21) 1…5 (22) 6…2 (23) 8…4 (24) 6…7

2. (1) 2…7 (2) 4…6 (3) 8…3 (4) 2…3
(5) 6…6 (6) 2…2 (7) 2…1 (8) 6…7
(9) 2…5 (10) 5…1 (11) 3…8 (12) 4…2
(13) 6…5 (14) 7…7 (15) 7…6 (16) 7…5
(17) 6…5 (18) 1…6 (19) 4…4 (20) 1…4
(21) 1…6 (22) 3…3 (23) 8…1 (24) 2…6

42쪽

1. (1) 4…7 (2) 3…3 (3) 3…1 (4) 4…3
(5) 4…6 (6) 1…2 (7) 6…4 (8) 8…6
(9) 6…6 (10) 3…7 (11) 4…7 (12) 1…5
(13) 2…4 (14) 7…4 (15) 6…3 (16) 4…5
(17) 3…4 (18) 8…4 (19) 8…8 (20) 1…2
(21) 5…5 (22) 5…2 (23) 7…4 (24) 3…5

2. (1) 6…6 (2) 6…8 (3) 3…5 (4) 7…2
(5) 6…5 (6) 6…1 (7) 1…5 (8) 7…5
(9) 8…3 (10) 2…6 (11) 4…5 (12) 2…5
(13) 2…8 (14) 2…4 (15) 9…2 (16) 6…1
(17) 6…3 (18) 2…5 (19) 5…5 (20) 3…2
(21) 7…1 (22) 3…2 (23) 7…2 (24) 7…7

43쪽

1. (1) 4…4 (2) 1…6 (3) 2…6 (4) 5…6
(5) 6…2 (6) 4…1 (7) 5…7 (8) 3…1
(9) 1…1 (10) 3…3 (11) 1…4 (12) 3…3
(13) 2…6 (14) 2…7 (15) 4…5 (16) 7…5
(17) 3…5 (18) 4…8 (19) 1…3 (20) 7…3
(21) 7…6 (22) 6…7 (23) 6…2 (24) 8…5

2. (1) 1…7 (2) 7…6 (3) 6…5 (4) 8…4
(5) 2…2 (6) 5…5 (7) 8…4 (8) 4…2
(9) 6…5 (10) 8…6 (11) 2…4 (12) 1…5
(13) 4…3 (14) 2…3 (15) 4…6 (16) 8…2
(17) 4…4 (18) 1…6 (19) 5…8 (20) 9…6
(21) 7…7 (22) 1…4 (23) 7…2 (24) 7…4

44쪽

1. (1) 2…3 (2) 1…4 (3) 5…6 (4) 6…4
(5) 4…2 (6) 2…6 (7) 5…1 (8) 5…8
(9) 2…6 (10) 4…6 (11) 2…1 (12) 8…7
(13) 7…7 (14) 6…8 (15) 3…3 (16) 3…4
(17) 4…5 (18) 3…7 (19) 7…2 (20) 8…8
(21) 7…7 (22) 8…5 (23) 7…3 (24) 3…5

2. (1) 8…3 (2) 7…5 (3) 2…2 (4) 4…6
(5) 2…7 (6) 8…7 (7) 5…1 (8) 8…5
(9) 6…6 (10) 8…5 (11) 2…4 (12) 5…3
(13) 1…4 (14) 2…3 (15) 1…3 (16) 4…3
(17) 1…6 (18) 1…5 (19) 6…3 (20) 3…6
(21) 2…7 (22) 5…5 (23) 1…5 (24) 1…7

45쪽

1. (1) 6…3 (2) 2…6 (3) 1…6 (4) 5…1
(5) 7…5 (6) 6…5 (7) 7…2 (8) 2…5
(9) 6…5 (10) 4…2 (11) 8…4 (12) 5…5
(13) 4…4 (14) 4…5 (15) 2…6 (16) 1…4
(17) 4…4 (18) 4…6 (19) 2…2 (20) 6…6
(21) 3…3 (22) 7…5 (23) 6…2 (24) 4…5

2. (1) 8…4 (2) 3…5 (3) 1…2 (4) 4…5
(5) 5…5 (6) 6…8 (7) 3…8 (8) 9…1
(9) 7…2 (10) 2…4 (11) 3…6 (12) 2…7
(13) 7…2 (14) 7…4 (15) 3…3 (16) 1…3
(17) 3…3 (18) 3…1 (19) 7…2 (20) 7…3
(21) 8…2 (22) 3…7 (23) 1…5 (24) 7…5

46쪽

1. (1) 51 (2) 32 (3) 60 (4) 61
(5) 92 (6) 64 (7) 81 (8) 81
(9) 61 (10) 81 (11) 73 (12) 72
(13) 90 (14) 82 (15) 71 (16) 70
(17) 82 (18) 52 (19) 73 (20) 90

2. (1) 72 (2) 54 (3) 56 (4) 54
(5) 90 (6) 87 (7) 63 (8) 52
(9) 72 (10) 92 (11) 51 (12) 61
(13) 92 (14) 71 (15) 52 (16) 65
(17) 84 (18) 91 (19) 90 (20) 82

47쪽

1. (1) 92 (2) 81 (3) 81 (4) 51
(5) 80 (6) 54 (7) 92 (8) 94
(9) 45 (10) 92 (11) 82 (12) 41
(13) 93 (14) 90 (15) 73 (16) 92
(17) 53 (18) 64 (19) 82 (20) 62

2. (1) 83 (2) 90 (3) 52 (4) 84
(5) 98 (6) 95 (7) 62 (8) 72
(9) 31 (10) 91 (11) 62 (12) 70
(13) 83 (14) 71 (15) 66 (16) 73
(17) 60 (18) 92 (19) 62 (20) 96

48쪽

1. (1) 71 (2) 50 (3) 76 (4) 80
(5) 72 (6) 82 (7) 80 (8) 94
(9) 51 (10) 52 (11) 91 (12) 80
(13) 97 (14) 91 (15) 93 (16) 66
(17) 62 (18) 83 (19) 42 (20) 82

2. (1) 71 (2) 41 (3) 92 (4) 67
(5) 90 (6) 70 (7) 65 (8) 80
(9) 92 (10) 96 (11) 73 (12) 62
(13) 90 (14) 82 (15) 63 (16) 91
(17) 96 (18) 71 (19) 83 (20) 83

49쪽

1. (1) 41 (2) 98 (3) 90 (4) 84
(5) 61 (6) 83 (7) 52 (8) 90
(9) 71 (10) 52 (11) 80 (12) 43
(13) 76 (14) 83 (15) 80 (16) 95
(17) 63 (18) 80 (19) 72 (20) 53

2. (1) 60 (2) 81 (3) 92 (4) 51
(5) 40 (6) 70 (7) 82 (8) 82
(9) 72 (10) 30 (11) 62 (12) 70
(13) 53 (14) 90 (15) 92 (16) 45
(17) 73 (18) 92 (19) 61 (20) 91

50쪽

1. (1) 112 (2) 120 (3) 112 (4) 132
(5) 140 (6) 141 (7) 110 (8) 113
(9) 121 (10) 130 (11) 143 (12) 103

(13) 123 (14) 130 (15) 160 (16) 110
(17) 147 (18) 132 (19) 140 (20) 151

2. (1) 112 (2) 152 (3) 131 (4) 121
(5) 113 (6) 112 (7) 102 (8) 120
(9) 121 (10) 144 (11) 102 (12) 143
(13) 134 (14) 101 (15) 100 (16) 103
(17) 116 (18) 131 (19) 142 (20) 114

51쪽

1. (1) 123 (2) 123 (3) 142 (4) 120
(5) 143 (6) 112 (7) 140 (8) 105
(9) 102 (10) 150 (11) 112 (12) 130
(13) 126 (14) 121 (15) 110 (16) 103
(17) 150 (18) 113 (19) 130 (20) 163

2. (1) 144 (2) 104 (3) 137 (4) 112
(5) 141 (6) 140 (7) 190 (8) 113
(9) 121 (10) 121 (11) 111 (12) 141
(13) 110 (14) 173 (15) 120 (16) 131
(17) 131 (18) 140 (19) 120 (20) 110

52쪽

1. (1) 114 (2) 143 (3) 111 (4) 113
(5) 176 (6) 123 (7) 110 (8) 135
(9) 111 (10) 120 (11) 116 (12) 144
(13) 165 (14) 110 (15) 122 (16) 110
(17) 174 (18) 123 (19) 161 (20) 130

2. (1) 110 (2) 132 (3) 153 (4) 122
(5) 150 (6) 161 (7) 101 (8) 162
(9) 122 (10) 123 (11) 157 (12) 122
(13) 174 (14) 152 (15) 103 (16) 142
(17) 105 (18) 112 (19) 140 (20) 121

53쪽

1. (1) 133 (2) 141 (3) 124 (4) 161
(5) 134 (6) 145 (7) 133 (8) 112
(9) 142 (10) 115 (11) 166 (12) 140

(13) 110 (14) 134 (15) 162 (16) 112
(17) 122 (18) 151 (19) 117 (20) 121

2. (1) 102 (2) 116 (3) 143 (4) 135
(5) 170 (6) 105 (7) 155 (8) 151
(9) 141 (10) 114 (11) 123 (12) 121
(13) 161 (14) 120 (15) 136 (16) 186
(17) 111 (18) 155 (19) 146 (20) 152

54쪽

1. (1) 4026 (2) 3001 (3) 1205
(4) 1322 (5) 2051 (6) 1015
(7) 6010 (8) 1011 (9) 1000
(10) 7020 (11) 5021 (12) 1001
(13) 7031 (14) 1012 (15) 1020

2. (1) 9022 (2) 1036 (3) 2006
(4) 3983 (5) 1126 (6) 1044
(7) 2020 (8) 1011 (9) 2041
(10) 1122 (11) 4030 (12) 1056
(13) 1010 (14) 1143 (15) 5140

55쪽

1. (1) 4000 (2) 2055 (3) 1103
(4) 1221 (5) 1362 (6) 1622
(7) 1033 (8) 1506 (9) 1051
(10) 1101 (11) 1320 (12) 1110
(13) 3020 (14) 1301 (15) 1342

2. (1) 1023 (2) 6312 (3) 1201
(4) 4010 (5) 1721 (6) 3022
(7) 1012 (8) 1013 (9) 1111
(10) 1010 (11) 1241 (12) 2074
(13) 1040 (14) 1064 (15) 1403

56쪽

1. (1) 5065 (2) 2061 (3) 1202
(4) 8012 (5) 4022 (6) 2044
(7) 1311 (8) 1254 (9) 6012

(10) 2071 (11) 1813 (12) 2014
(13) 4070 (14) 1371 (15) 3002

2. (1) 1023 (2) 2000 (3) 1034
(4) 4002 (5) 1031 (6) 3041
(7) 1313 (8) 1161 (9) 1252
(10) 4024 (11) 9013 (12) 1233
(13) 5013 (14) 1020 (15) 3042

57쪽

1. (1) 3052 (2) 2043 (3) 1021
(4) 3025 (5) 1212 (6) 1004
(7) 1075 (8) 1204 (9) 1001
(10) 1252 (11) 3000 (12) 1304
(13) 4003 (14) 1041 (15) 6013

2. (1) 1041 (2) 3003 (3) 4026
(4) 1001 (5) 2062 (6) 1323
(7) 1023 (8) 4031 (9) 1054
(10) 1152 (11) 3003 (12) 1063
(13) 4040 (14) 5010 (15) 3033

58쪽

1. (1) 1003 (2) 1133 (3) 2022
(4) 2006 (5) 4071 (6) 1011
(7) 1810 (8) 2222 (9) 1000
(10) 2011 (11) 1063 (12) 6003
(13) 1003 (14) 7011 (15) 2021

2. (1) 4037 (2) 1202 (3) 3013
(4) 1043 (5) 2052 (6) 1080
(7) 1022 (8) 1040 (9) 2034
(10) 1042 (11) 1122 (12) 3204
(13) 1001 (14) 1023 (15) 1221

59쪽

1. (1) 1244 (2) 1003 (3) 4012
(4) 1030 (5) 4020 (6) 1121
(7) 3007 (8) 1225 (9) 1174

(10) 3032 (11) 1022 (12) 2022
(13) 1001 (14) 1052 (15) 6022

2. (1) 1073 (2) 1021 (3) 2030
(4) 3082 (5) 1133 (6) 1011
(7) 1132 (8) 2023 (9) 6003
(10) 1014 (11) 1051 (12) 1112
(13) 5006 (14) 1303 (15) 2031

60쪽

1. (1) 36 (2) 47 (3) 38 (4) 17
(5) 47 (6) 66 (7) 23 (8) 17
(9) 29 (10) 49 (11) 38 (12) 48
(13) 62 (14) 19 (15) 16 (16) 69
(17) 19 (18) 36 (19) 45 (20) 34

2. (1) 28 (2) 38 (3) 13 (4) 16
(5) 36 (6) 18 (7) 48 (8) 27
(9) 58 (10) 39 (11) 29 (12) 69
(13) 18 (14) 36 (15) 28 (16) 28
(17) 47 (18) 18 (19) 36 (20) 48

61쪽

1. (1) 68 (2) 47 (3) 29 (4) 29
(5) 33 (6) 24 (7) 19 (8) 48
(9) 26 (10) 64 (11) 55 (12) 24
(13) 27 (14) 47 (15) 29 (16) 27
(17) 36 (18) 48 (19) 54 (20) 39

2. (1) 64 (2) 18 (3) 69 (4) 19
(5) 55 (6) 25 (7) 69 (8) 18
(9) 77 (10) 18 (11) 79 (12) 46
(13) 14 (14) 77 (15) 27 (16) 27
(17) 19 (18) 27 (19) 33 (20) 58

62쪽

1. (1) 44 (2) 21 (3) 79 (4) 37
(5) 34 (6) 73 (7) 44 (8) 59
(9) 55 (10) 28 (11) 49 (12) 38

(13) 37 (14) 47 (15) 48 (16) 49
(17) 34 (18) 44 (19) 54 (20) 37

2. (1) 37 (2) 36 (3) 66 (4) 22
(5) 27 (6) 26 (7) 27 (8) 23
(9) 52 (10) 28 (11) 38 (12) 29
(13) 39 (14) 36 (15) 38 (16) 49
(17) 21 (18) 46 (19) 47 (20) 62

63쪽

1. (1) 28 (2) 46 (3) 65 (4) 59
(5) 46 (6) 23 (7) 28 (8) 49
(9) 43 (10) 48 (11) 59 (12) 29
(13) 33 (14) 69 (15) 68 (16) 44
(17) 27 (18) 73 (19) 26 (20) 77

2. (1) 47 (2) 27 (3) 68 (4) 19
(5) 51 (6) 27 (7) 43 (8) 47
(9) 49 (10) 49 (11) 56 (12) 25
(13) 49 (14) 52 (15) 44 (16) 38
(17) 29 (18) 36 (19) 38 (20) 37

64쪽

1. (1) 72 (2) 67 (3) 76 (4) 71
(5) 41 (6) 89 (7) 26 (8) 31
(9) 92 (10) 68 (11) 49 (12) 67
(13) 74 (14) 47 (15) 76

2. (1) 59 (2) 77 (3) 58 (4) 15
(5) 59 (6) 58 (7) 67 (8) 79
(9) 92 (10) 53 (11) 57 (12) 68
(13) 73 (14) 38 (15) 46

65쪽

1. (1) 82 (2) 58 (3) 98 (4) 57
(5) 26 (6) 83 (7) 64 (8) 74
(9) 27 (10) 81 (11) 39 (12) 35
(13) 52 (14) 89 (15) 75

2. (1) 74 (2) 109 (3) 77 (4) 88
(5) 47 (6) 93 (7) 98 (8) 65
(9) 46 (10) 86 (11) 75 (12) 18
(13) 37 (14) 81 (15) 89

66쪽

1. (1) 56 (2) 89 (3) 71 (4) 89
(5) 53 (6) 43 (7) 34 (8) 81
(9) 96 (10) 65 (11) 25 (12) 73
(13) 99 (14) 64 (15) 64

2. (1) 19 (2) 98 (3) 87 (4) 19
(5) 52 (6) 36 (7) 35 (8) 68
(9) 64 (10) 87 (11) 63 (12) 69
(13) 39 (14) 74 (15) 69

67쪽

1. (1) 15 (2) 82 (3) 83 (4) 81
(5) 71 (6) 34 (7) 48 (8) 65
(9) 46 (10) 95 (11) 54 (12) 41
(13) 73 (14) 65 (15) 74

2. (1) 47 (2) 79 (3) 56 (4) 42
(5) 86 (6) 86 (7) 67 (8) 58
(9) 46 (10) 44 (11) 56 (12) 39
(13) 56 (14) 88 (15) 79

68쪽

1. (1) 1646 (2) 437 (3) 576
(4) 546 (5) 2639 (6) 963
(7) 968 (8) 262 (9) 919
(10) 1724 (11) 3935 (12) 4255
(13) 5982 (14) 853 (15) 452

2. (1) 1907 (2) 1248 (3) 1847
(4) 785 (5) 3827 (6) 314
(7) 1275 (8) 2779 (9) 1985
(10) 995 (11) 1044 (12) 1577
(13) 146 (14) 475 (15) 5679

69쪽

1. (1) 6489 (2) 907 (3) 333
(4) 489 (5) 2214 (6) 284
(7) 831 (8) 647 (9) 663
(10) 241 (11) 857 (12) 647
(13) 1988 (14) 497 (15) 564

2. (1) 885 (2) 2912 (3) 828
(4) 991 (5) 899 (6) 1787
(7) 627 (8) 558 (9) 685
(10) 72 (11) 637 (12) 1258
(13) 942 (14) 659 (15) 749

70쪽

1. (1) 991 (2) 346 (3) 575
(4) 3958 (5) 975 (6) 1075
(7) 3882 (8) 194 (9) 1988
(10) 645 (11) 4385 (12) 2972
(13) 455 (14) 137 (15) 1998

2. (1) 187 (2) 788 (3) 566
(4) 893 (5) 944 (6) 2989
(7) 694 (8) 1246 (9) 681
(10) 4988 (11) 137 (12) 349
(13) 75 (14) 583 (15) 1191

71쪽

1. (1) 3476 (2) 1985 (3) 586
(4) 637 (5) 3947 (6) 3985
(7) 398 (8) 15 (9) 2386
(10) 1167 (11) 2583 (12) 1988
(13) 867 (14) 742 (15) 497

2. (1) 949 (2) 2916 (3) 276
(4) 979 (5) 1965 (6) 649
(7) 997 (8) 1119 (9) 3267
(10) 695 (11) 1868 (12) 1277
(13) 2404 (14) 477 (15) 2857

72쪽

1. (1) 287 (2) 3948 (3) 965
(4) 864 (5) 935 (6) 1986
(7) 884 (8) 496 (9) 2965
(10) 939 (11) 1689 (12) 538
(13) 987 (14) 863 (15) 1677

2. (1) 778 (2) 2986 (3) 1198
(4) 1148 (5) 753 (6) 536
(7) 788 (8) 3977 (9) 786
(10) 979 (11) 885 (12) 941
(13) 1728 (14) 1277 (15) 2979

73쪽

1. (1) 2988 (2) 374 (3) 2955
(4) 594 (5) 1389 (6) 4186
(7) 929 (8) 878 (9) 1927
(10) 907 (11) 776 (12) 1963
(13) 985 (14) 3742 (15) 1946

2. (1) 1926 (2) 1155 (3) 3895
(4) 978 (5) 2706 (6) 867
(7) 4938 (8) 1966 (9) 1056
(10) 2786 (11) 914 (12) 969
(13) 957 (14) 958 (15) 2798

74쪽

1. (1) 64 (2) 48 (3) 39 (4) 27
(5) 40 (6) 63 (7) 52 (8) 93
(9) 16 (10) 80 (11) 85 (12) 64
(13) 36 (14) 44 (15) 60

2. (1) 93 (2) 28 (3) 69 (4) 82
(5) 60 (6) 84 (7) 80 (8) 60
(9) 99 (10) 88 (11) 66 (12) 45
(13) 24 (14) 90 (15) 90

75쪽

1. (1) 126 (2) 328 (3) 150

(4) 189 (5) 148 (6) 300
(7) 72 (8) 92 (9) 75
(10) 320 (11) 252 (12) 360
(13) 282 (14) 406 (15) 280

2. (1) 186 (2) 156 (3) 148
(4) 96 (5) 87 (6) 90
(7) 228 (8) 594 (9) 282
(10) 712 (11) 308 (12) 315
(13) 198 (14) 410 (15) 384

76쪽

1. (1) 393 (2) 963 (3) 468
(4) 428 (5) 840 (6) 682
(7) 606 (8) 624 (9) 808
(10) 369 (11) 666 (12) 846
(13) 228 (14) 847 (15) 646

2. (1) 798 (2) 975 (3) 678
(4) 872 (5) 786 (6) 918
(7) 618 (8) 568 (9) 1268
(10) 2555 (11) 926 (12) 1266
(13) 1288 (14) 4256 (15) 6372

77쪽

1. (1) 1032 (2) 1356 (3) 1856
(4) 2925 (5) 6592 (6) 3024
(7) 1635 (8) 3725 (9) 2996
(10) 3234 (11) 2464 (12) 1195
(13) 2744 (14) 2944 (15) 7544

2. (1) 1792 (2) 2635 (3) 2916
(4) 4734 (5) 3178 (6) 2082
(7) 2332 (8) 2190 (9) 2868
(10) 2380 (11) 1436 (12) 2224
(13) 2097 (14) 2192 (15) 7736

78쪽

1. (1) 3038 (2) 1771 (3) 2214
(4) 3713 (5) 1292 (6) 2352
(7) 2752 (8) 1475 (9) 2720
(10) 2080 (11) 3780 (12) 2652

2. (1) 875 (2) 1484 (3) 2961
(4) 1932 (5) 1392 (6) 2871
(7) 3952 (8) 2496 (9) 1677
(10) 1440 (11) 2457 (12) 3780

79쪽

1. (1) 2346 (2) 6138 (3) 1598
(4) 2124 (5) 3456 (6) 3072
(7) 2368 (8) 7896 (9) 3828
(10) 2967 (11) 4756 (12) 2016

2. (1) 4186 (2) 1568 (3) 6308
(4) 2208 (5) 3192 (6) 4828
(7) 1484 (8) 1325 (9) 2236
(10) 3510 (11) 3690 (12) 2109

80쪽

1. (1) 3496 (2) 4118 (3) 4514
(4) 4482 (5) 1647 (6) 2365
(7) 3600 (8) 3584 (9) 5141
(10) 2385 (11) 2924 (12) 1800

2. (1) 2231 (2) 3420 (3) 3024
(4) 2924 (5) 3115 (6) 2484
(7) 1632 (8) 1988 (9) 1073
(10) 4864 (11) 4732 (12) 3198

81쪽

1. (1) 3520 (2) 5980 (3) 3528
(4) 3348 (5) 2438 (6) 1424
(7) 4845 (8) 1950 (9) 1645
(10) 1976 (11) 2376 (12) 2788

2. (1) 1872 (2) 1292 (3) 5456
(4) 1888 (5) 1323 (6) 2331
(7) 2574 (8) 3230 (9) 3496
(10) 3654 (11) 1548 (12) 1988

82쪽

1. (1) 2288 (2) 2278 (3) 2100
(4) 6097 (5) 2325 (6) 6075
(7) 1702 (8) 5184 (9) 2088
(10) 3358 (11) 2054 (12) 5312

2. (1) 2420 (2) 1587 (3) 1978
(4) 1248 (5) 1392 (6) 3375
(7) 5185 (8) 3854 (9) 1344
(10) 1504 (11) 2418 (12) 2275

83쪽

1. (1) 1534 (2) 962 (3) 7812
(4) 3276 (5) 2058 (6) 1368
(7) 8554 (8) 2937 (9) 1176
(10) 3567 (11) 1645 (12) 2976

2. (1) 5904 (2) 3078 (3) 4459
(4) 3472 (5) 1612 (6) 1200
(7) 4914 (8) 4752 (9) 2088
(10) 1984 (11) 3139 (12) 6035

84쪽

1. (1) 1653 (2) 2478 (3) 1085
(4) 6144 (5) 3608 (6) 4026
(7) 3311 (8) 1311 (9) 6723
(10) 4418 (11) 7826 (12) 1900

2. (1) 3003 (2) 1424 (3) 3149
(4) 4212 (5) 2790 (6) 2366
(7) 1728 (8) 2640 (9) 1984
(10) 5475 (11) 1836 (12) 2262

85쪽

1. (1) 1568 (2) 4708 (3) 10656
(4) 5082 (5) 4899 (6) 6496
(7) 3648 (8) 4056 (9) 9548
(10) 6951 (11) 4876 (12) 9515

2. (1) 2002 (2) 6496 (3) 5928
(4) 8684 (5) 11174 (6) 4256
(7) 7182 (8) 7420 (9) 11070
(10) 5856 (11) 4032 (12) 7825

86쪽

1. (1) 20995 (2) 44573 (3) 19728
(4) 47286 (5) 12460 (6) 41992
(7) 16309 (8) 64192 (9) 15594
(10) 20424 (11) 53928 (12) 29325

2. (1) 36372 (2) 34706 (3) 19292
(4) 40128 (5) 62205 (6) 25921
(7) 24909 (8) 44416 (9) 34675
(10) 70596 (11) 29995 (12) 77688

87쪽

1. (1) 28044 (2) 45046 (3) 66254
(4) 46056 (5) 71610 (6) 86832
(7) 91574 (8) 68052 (9) 50508
(10) 91803 (11) 103896 (12) 45954

2. (1) 15500 (2) 69888 (3) 24969
(4) 28702 (5) 64752 (6) 48150
(7) 71568 (8) 81606 (9) 36225
(10) 87017 (11) 67872 (12) 22152

88쪽

1. (1) 522416 (2) 245336
(3) 260018 (4) 848788
(5) 425632 (6) 195355
(7) 381888 (8) 310464
(9) 210084 (10) 349812
(11) 285168 (12) 220430

2. (1) 477220 (2) 239888
(3) 296973 (4) 303355
(5) 514698 (6) 168768
(7) 232596 (8) 570738
(9) 610460 (10) 314682
(11) 802272 (12) 480754